71+10 न्यू साइंस एक्टिविटीज

वी एण्ड एस पब्लिशर्स

प्रकाशक

वी एण्ड एस पब्लिशर्स
F-2/16, अंसारी रोड, दरियागंज, नयी दिल्ली-110002
23240026, 23240027 • फैक्स: 011-23240028
E-mail: info@vspublishers.com • *Website:* www.vspublishers.com

शाखा: हैदराबाद
5-1-707/1, ब्रिज भवन (सेन्ट्रल बैंक ऑफ इण्डिया लेन के पास)
बैंक स्ट्रीट, कोटी, हैदराबाद-500 095
040-24737290
E-mail: vspublishershyd@gmail.com

फ़ॉलो करें:

किसी प्रकार के सम्पर्क हेतु एसएमएस करें: **VSPUB** to **56161**

हमारी सभी पुस्तकें **www.vspublishers.com** पर उपलब्ध हैं

मुद्रक: परम ऑफसेटर्स, ओखला, नयी दिल्ली-110020

प्रकाशकीय

बच्चों के लिये विज्ञान से सम्बन्धित पुस्तकों के प्रमुख प्रकाशक 'वी एण्ड एस पब्लिशर्स' छात्र-छात्राओं को ध्यान में रखकर व पॉपुलर साइंस विषय पर आधारित "71 सीरीज़" की पुस्तकों की अपार सफलता के बाद उसी शृंखला में '71+10 न्यू साइंस एक्टिविटीज' आपके समक्ष प्रस्तुत करते हैं।

इस पुस्तक '71+10 न्यू साइंस एक्टिविटीज' में लेखक ने विज्ञान के मूलभूत सिद्धांतों जैसे हवा का दाब, आयतन और घनत्व, घर्षण, गुरुत्वाकर्षण बल आदि गुणों के बारे में बच्चों को आसान प्रयोगों के द्वारा समझाया है। इस पुस्तक की भाषा अत्यंत सरल तथा सुगम है जिसे पढ़कर कोई भी छात्र (6 से लेकर 13 वर्ष) इन प्रयोगों को अपने घर या विद्यालय में आसानी से दोहरा सकता है।

हम सभी अच्छी तरह से जानते हैं कि विज्ञान जैसे महत्त्वपूर्ण विषय को केवल सैद्धांतिक रूप में पढ़कर आत्मसात करना बेहद मुश्किल है। सिद्धांतों के सत्यापन के लिये हरबार नये प्रयोग की आवश्यकता होती है। लेखक ने इस पुस्तक में बड़ी चतुराई से आसान प्रयोगों के द्वारा विज्ञान के कई महत्त्वपूर्ण सिद्धांतों के बारे में बच्चों को बताने की कोशिश की है।

सभी वर्ग के छात्र-छात्रा एवं बच्चे इस पुस्तक में शामिल प्रयोगों को अपने घर या पाठशाला में दिये गये निर्देशों के अनुसार अभिभावक की उपस्थिति में भलीभाँति कर सकते हैं और विज्ञान से जुड़े नये-नये रोचक तथ्यों की जानकारी प्राप्त कर सकते हैं।

विषय-सूची

1. हवा का दबाव............6
2. हवा के दबाव में अन्तर 8
3. ऊँचाई पर रखें 10
4. भार में अन्तर 12
5. हवा का भँवर 14
6. नमी में अवरोध 16
7. इम्लसीकरण 18
8. ओस्मोसिस 20
9. हवा की फूँक 22
10. जल की धाराएँ............24
11. फ्लैटनिंग द होल 26
12. भिगोने वाले कारक............28
13. ऊपरी हिस्सा नीचे की ओर 30
14. साइफन विधि 32
15. गुब्बारे का लिफ्ट की प्रयोग............34
16. कम दाब............36
17. मुलायम केला............38
18. धीमी गति 40
19. आईड्रोपर 42
20. पानी का बड़ा आकार 44
21. ओस और ओस का जमना............46
22. नाव को धकेलना 48
23. छोटे क्रिस्टल्स............50
24. कमजोर बिन्दु............52
25. घूर्णन............54
26. 'S' आकारनुमा मेहराब............56
27. अवरोध गति............58
28. सुचालक............60
29. संचित ऊर्जा............62
30. गुरुत्व बल और गति............64
31. कंपन............66
32. रोलिंग मोशन............68
33. फिसलनयुक्त दीवार 70
34. वर्षा की बूँद और हैम्बर्गर 72
35. फ्लैगपोल 74
36. नमकीन पानी 76
37. पृथ्वी की सतह 78
38. सीधा दाँतखोदनी............80
39. विद्युतीय आकर्षण 82
40. बालों में कंघी 84
41. आवेशित कण 86
42. आवेशित कणों का संचय 88
43. काल्पनिक रेखा 90
44. रेत का निपटारा 92
45. चिपटी अण्डाकार आकृति 94
46. मोबियस की पट्टी 96
47. अनोखा कैचअप की बोतल............98
48. सिक्के से सिक्का............100
49. चुम्बकीय क्षेत्र............102
50. नमक और पानी............104
51. जंग लगना............106
52. तरल पदार्थ का कम हो जाना............108

53. अम्ल और क्षार..110
54. नियमित डिजायन..112
55. धााराओं का सम्बन्ध बदलना........................114
56. साबुन कैसे बनायें?....................................116
57. बड़ी रसभरी काट..118
58. रेशेदार जाली का काम..................................120
59. चिपचिपा लसलसा..122
60. वाटर मैटर..124
61. नो इंट्री..126
62. पानी की बूँदे...128
63. बीज में छिद्र..130
64. जियोट्रोप्जिम...132
65. पत्ते का हरा रंग..134
66. पत्ते की संरचना..136
67. माइक्रोस्कोपिक पौधे.....................................138
68. सेल मल्टीप्लीकेशन......................................140
69. बर्लीज सेपरेटर...142
70. कला का नमूना...144
71. रूपान्तर..146

10 रंगीन प्रोजेक्ट्स

1. गर्म हवा..150
2. रोचक गुणवत्ता...152
3. ठेलने से उत्पन्न बल......................................154
4. गुरुत्व बल..156
5. मेहराब की ताकत..158
6. बाल बेयरिंग..160
7. दाँतदार पहियों को जोड़ना.................................162
8. रेत घड़ी...164
9. रंगीन बिन्दु..166
10. डिजायनर आँखें...168

1 हवा का दबाव

आवश्यक वस्तु

कागज का एक पेज

निर्देश

क्या तुम जानते हो कि कागज का एक टुकड़ा बिना गोंद से चिपकाये तुम्हारे हाथ से चिपक सकता है? क्या तुम जानते हो कि हवा भी ऐसा कर सकती है? हाँ, ऐसा हो सकता है।

नीचे दिये गये निर्देशों का पालन करो।

1. कागज की एक शीट हथेली में पकड़ो। अपना दाहिना हाथ सीधे रखो। हथेली को सामने की ओर खोलो।

2. दूसरे हाथ से कागज की शीट को सहारा देकर तेज गति से सामने की ओर दौड़ो। अब बायीं हथेली को धीरे-धीरे हटाओ। तुम देखोगे कि तुम्हारे दौड़ने के दौरान कागज का यह पेज तुम्हारी हथेली से चिपका रहेगा।

विश्लेषण

तुम हवा को नहीं देख सकते, यह एक गैसों का मिश्रण है। यह कागज के विरूद्ध एक बल उत्पन्न करती है। जब तुम कागज को अपने हाथ में लेकर दौड़ते हो, तो तुम हवा के विपरीत एक बल उत्पन्न करते हो। हवा तुम्हारी हथेली पर रखे इस कागज के विपरीत दबाव डालती है, और इसे हथेली पर टिकाये रखती है।

2 हवा के दबाव में अन्तर

आवश्यक वस्तु

एक टाइपिंग कागज (टाइप में काम आने वाला कागज)।

निर्देश

1. 21×28 सेमी. कागज का एक शीट हाथ में लेकर इसे सिर से ऊँचा उठाकर पकड़ो। इसे दोनों हाथों से की मदद से पकड़ो। अब इसे हवा में छोड़ दो, कागज का शीट हवा में नाचने लगेगा या सम्भवतः मुड़ जायेगा।

2. कागज को लम्बवत् आकार में मोड़ो। पहला मोड़ 2.5 सेमी. अन्दर की ओर तथा इसे दोबारा 2.5 सेमी. अन्दर की ओर मोड़ो।

3. मुड़े हुए कागज को अपने सिर से ऊँचा उठाकर इस प्रकार पकड़ो, ताकि इसका मुड़ा हुआ हिस्सा सामने की ओर हो। इसे सावधानीपूर्वक हवा में फेंको। यह हवा में नहीं मुड़ेगा और जमीन पर गिरने के पहले कुछ दूरी तय करेगा।

विश्लेषण

जैसे ही कागज का शीट नीचे गिरता है, हवा के दबाव का अन्तर कागज के विभिन्न हिस्सों पर अलग-अलग दबाव डालती है, जिसके फलस्वरूप कागज के सामने का भाग मुड़ जाता है और यह उल्टा-पुल्टा होकर नीचे गिरने लगता है, लेकिन कागज को मोड़ देने से इसके सामने के भार में बढ़ोतरी हो जाती है। यह भार ऊपर की ओर से लगते हवा के दबाव के साथ सन्तुलन स्थापित करता है। जिसके कारण यह कागज हवा में बिना मुड़े हुए उड़ने लगता है। वायुयान के पंख भी इसी प्रकार सामने की तरफ भारी तथा पीछे की ओर तनिक हल्के होते हैं, जो इसकी उड़ान में मददगार साबित होते हैं।

3

ऊँचाई पर रखें

आवश्यक वस्तु

2 कागज के शीट
पेंसिल
रूलर
कैंची

निर्देश

1. कागज के ऊपर रूलर और पेंसिल की सहायता से 30 सेमी. लम्बा और 15 सेमी. चौड़ा एक आयत बनाओ। इसे कैंची से काटकर अलग करो।

2. प्रत्येक टुकड़े (आयत) को कैंची की मदद से आधे भाग तक काटो। इसे पूरा मत काटो। इसका कटा हुआ प्रत्येक भाग 15 सेमी. तक लम्बा हो।

3. कागज के दोनों टुकड़ो में से एक के किनारे को एक तरफ मोड़ो। दूसरे किनारे को दूसरी ओर मोड़ो। अब कागज के बिना कटे हुए भाग को त्रिभुज के आकार में मोड़ो। इसे दुबारा त्रिभुजाकार रूप में मोड़ो।

4. किसी कुर्सी या बेंच पर खड़े होकर बनाये गये कागज के टुकड़ों को नीचे जमीन पर गिराओ। दोनों टुकड़े हवा में देर तक लहराते हुए जुड़वा बहनों की भाँति नीचे गिरेंगे।

विश्लेषण

तुम अपने द्वारा बनाये गये कागज पंखों के द्वारा उसी सिद्धान्त का प्रयोग करते हो, जो एक हेलीकाप्टर हवा में उड़ने के दौरान करता है। कागज का मुड़ा हुआ भाग उसके बाकी हिस्से के अपेक्षाकृत थोड़ा भारी होता है। यह भारी हिस्सा कागज को नीचे की ओर झुकाये रखता है। कागज के ये घुमते हुए पंख अगर नहीं घुमे तो यह हवा के उच्च दबाव के विरूद्ध नीचे की ओर गिरने लगते हैं। यह गति को कम करती है जिससे डिवाइस नीचे गिरता है। घुमने के दौरान यह उसे लम्बे वक्त तक ऊँचा उठाये रखती है।

4 भार में अन्तर

आवश्यक वस्तु

बास्केट बॉल

हवा भरने का पंप

भार मापने का एक वैज्ञानिक तराजू जिसके द्वारा भार को 'ग्राम' अथवा 'औंस' में नापा जा सके।

निर्देश

1. एक बास्केट बॉल में पंप से अच्छी तरह हवा भरो। इस काम के लिए तुम साइकिल में हवा भरने वाली पंप का इस्तेमाल कर सकते हो। यदि तुम्हारे पास बास्केट बॉल में हवा भरने के लिए उपयुक्त नीडिल हो।

2. तुम्हारे सांइस क्लास रूम में इस प्रकार का तराजू अवश्य होगा। बास्केट बॉल को तराजू पर रखकर इसका वजन नोट कर लो। इस काम में अपने शिक्षक की मदद लो।

3. अब बास्केट बॉल की हवा निकाल दो। हवारहित बास्केट बॉल को पुन: तराजू पर तौलो। इस बार बॉल का वजन पहले से कम होगा। क्या तुम बता सकते हो ऐसा क्यों हुआ?

विश्लेषण

क्या तुम जानते हो हवा का भी भार होता है? यद्यपि हवा उतनी भारी नहीं होती जितनी कि अन्य वस्तु होती है। जिन्हें हम तराजू पर तौला करते हैं। तुमने हवारहित और हवा भरी हुई बास्केट बॉल के वजन में अन्तर देखा। यह अन्तर बास्केट बॉल के अन्दर भरी हुई हवा के वजन के बराबर था।

पूरी पृथ्वी पर हवा का अदृश्य आवरण है, जिसका अपना भार है और यह हम पर दबाव डालती है।

5 हवा का भँवर

आवश्यक वस्तु

एक गोल बाक्स
कैंची
बैलून (गुब्बारा)
रबर बैंड
अमोनियम क्लोराइड
चिमटी
मोमबत्ती
मम्पी-पापा का सहयोग

निर्देश

1. कैंची से एक गोल खाली बाक्स के पेंदे में 50 पैसे के सिक्के के आकार का छिद्र काटो (बाक्स का दूसरा सिरा एकदम खुला होना चाहिए)। एक बड़े गुब्बारे के सिरे को इस तरह काटो कि यह रबर के टुकड़े के समान बन जाये। इस गुब्बारे के रबर को बॉक्स के खुले सिरे पर लगाकर इस पर एक रबर बैंड लगा दो।
2. एल्युमीनियम फाइल के छोटे कप नुमा आकार में एक चौथाई चम्मच अमोनियम क्लोराइड लो। चिमटे से इसे पकड़ो, जब तुम्हारी मम्मी या पापा इसे एक जलती हुई मोमबत्ती के ऊपर रखकर गर्म करते है (अमोनियम क्लोराइड गर्म करने पर हानि नहीं पहुँचाता है)।
3. सफेद गाढ़ा धुआँ बनने लगेगा। ऐसा होने पर बॉक्स में काटे छिद्र को धुएँ के सामने रखो। धुआँ इस छिद्र के रास्ते खाली बॉक्स में भरने लगेगा।
4. अब तुम कुछ स्टंट दिखाने के लिए तैयार हो जाओ। बॉक्स के खुले सिरे पर लगे गुब्बारे के खुले सिरे पर गाँठ लगा दो खूबसूरत धुएँ का रिंगनुमा छल्ला बॉक्स के छिद्र से निकलने लगेगा। कोशिश करो कि धुआँ के छल्ले के केन्द्र में होकर नया धुआँ का छल्ला गुजरे या हल्के कागज के टुकड़े को धुएँ के छल्ले से टकराने दो।

विश्लेषण

इस प्रयोग के द्वारा तुम चक्रवात बनाते हो, जो कि साधारण तौर पर हवा का भँवर है। धुआँ बनाकर तुमने इसके छल्ले बनाये जो तुम्हारी आँखों को स्पष्ट दिखायी देते हैं। क्या तुमने यह नोट किया है कि धुएँ के छल्ले लम्बे वक्त तक अपने आकार को बनाये रखने में सक्षम है? ऐसा इसलिए होता है क्योंकि हवा की गति छल्ले के बाहर दबाव डालकर उसे तोड़ देती है।

6 नमी में अवरोध

आवश्यक वस्तु

क्लीयर नेल पालिश
माचिस
अण्डे रखने का कार्टून
मम्मी या पापा की मदद

निर्देश

1. एक क्लीयर नेल पालिश खरीदो। इसके बोतल में लगे ब्रश की सहायता से तीली में लगे बारूद के ऊपर इसे अच्छी प्रकार लगाओ।

2. माचिस की तीली के दूसरे सिरे को अण्डे के कार्टून में इसे प्रकार लगाओ ताकि तीली लम्बवत् खड़ा रहे। तीली के सिरे का स्पर्श मत करो।
3. माचिस की तीली को भली प्रकार सूखने दो। इसे सुखाने के पश्चात् इस पर क्लीयर नेल पालिश की दूसरी परत चढ़ाओ। अब इसे रात भर सूखने दो।
4. अगले दिन अण्डे के कार्टून में लगी तीलियों में से एक तीली लेकर इसके सिरे को पानी में डुबाओ। अब इसे मम्मी या पापा को देकर इसे माचिस पर सुलगाने के लिए बोलो। पानी में भिगा होने बावजूद माचिस की यह तीली जल उठेगी।

विश्लेषण

नेल पालिश की परत माचिस की तीली पर एक आवरण चढ़ा देता है। नेल पालिश एक सख्त आवरण है, जो नमी के विरूद्ध अवरोधक का कार्य करता है। जैसे ही इसे माचिस की डिब्बी के किनारे लगे केमिकल पर रगड़ते है, तो रगड़ के दौरान नेल पालिश का अवरोध हट जाता है और तीली सामान्य रूप से जल उठती है।

7 इमल्सीकरण

आवश्यक वस्तु

एक लम्बा जार
पानी
नीला खाद्यय रंग
खाने में इस्तेमाल होने वाला तेल

निर्देश

1. एक लम्बा जार लो जिसमें जैतून का फल या खीरा आसानी से समा सके। इसमें आधे भाग तक पानी भरो। अब इसमें एक बूँद नीला रंग डालो।
2. आधे खाली जार में लबालब खाद्यय तेल इस प्रकार भरो ताकि इसका ढ़क्कन लगाने पर हवा के लिए जगह नहीं बचे। ढक्कन को सावधानीपूर्वक लगाओ।
3. जार को साइड से झुकाकर आहिस्तापूर्वक हिलाओ। जार के अन्दर नीले रंग का पानी सागर की लहरों की तरह रोल करेगी।

4. अब जार के किनारों को पकड़कर पूरी ताकत से हिलाओ। तुम्हारे पास तूफानी समुद्र जैसा नजारा होगा।

विश्लेषण

पानी तेल में अघुलनशील है। इसलिए ये अलग-अलग रहते हैं। चूँकि पानी भारी होता है इसलिए यह जार के पेंदे पर मौजूद रहता है। जब तुम जार पर ठोकर मारते हो या इसे हिलाते हो तो नीले रंग की बूँद तेल की सतह के विरूद्ध चलती है। जब तुम जार को जोर से हिलाते हो, तो नीले रंग की बूँद से बुलबुले निकलते है और तूफानी समुद्र के जैसा नजारा दिखता है, लेकिन चूँकि पानी और तेल आपस में नहीं मिलते। कुछ मिनटों के उपरान्त ये दोनों पुन: पृथक् हो जाते हैं।

8 ओस्मोसिस

आवश्यक वस्तु

सूखा आलूबुखारा या सूखा बेर
किशमिश
छोटे आकार का पारदर्शी काँच का गिलास
पानी

निर्देश

1. एक छोटे पारदर्शी गिलास में कुछ सूखे हुए बेर और किशमिश डालो। गिलास में इतना पानी भरो ताकि सूखे फल इसमें डूब जायें। इसके पश्चात् इसे अपेक्षाकृत गर्म जगह पर रखो।

2. गिलास को प्रतिदिन कम से कम तीन दिनों तक देखो। सूखे फल की ओर देखो और उसके आकार पर ध्यान दो। तुम देखोगे कि इस अन्तराल में उनके आकार में वृद्धि हुई है।

विश्लेषण

सूखे फल एक कठोर परत से ढके रहते हैं, जिनके अन्दर रेशेदार फाइबर होते हैं। वैसे फल की ऊपरी परत पानी को अपने अन्दर आने देती है। यह क्रिया ओस्मोसिस कहलाती है। पानी सूखे फल के ऊपरी परत से अन्दर प्रवेश कर सूखे बेर और किशमिश को फैला देती है।

क्या तुम जानते हो कि सूखे आलूबुखारे और किशमिश वास्तव में क्या है? यह एक आलूबुखारा और किशमिश सूखी हुई अंगूर है।

९

हवा की फूँक

आवश्यक वस्तु

बड़ी कटोरी
जल
चार या पाँच चम्मच डिशवाशिंग लिक्विड
कैंची
पेपर कप

निर्देश

गर्मी के दिन में बाहर जाकर कुछ मनोरंजन करतब करो।

1. कटोरी में एक तिहाई जल भर दो। इसमें चार या पाँच चम्मच वाशिंग लिक्विड डालो इसे आहिस्तापूर्वक जल में मिलाओ, लेकिन इसे जोर से मत मिलाओ।

2. कैंची से पेपर कप के नीचे (पेंदे) 1.25 सेमी. का छिद्र काटो। अब पेपर कप के किनारे (जिधर से पानी पीते हो) को साबुनयुक्त जल में डुबाओ। आहिस्तापूर्वक इसे उठाओ और छोटे छिद्र में फूँक मारो। एक बड़े आकार का बुलबुला हवा में तैरने लगेगा। हवा में बहुत सारे बुलबुले बनाओ।

विश्लेषण

साबुन पानी को कप के किनारे चिपकाने में मदद करता है। जब तुम इसमें फूँकते हो तो यह हवा के चारों ओर एक आवरण का निर्माण कर उसे बुलबुले के रूप में परिवर्तित कर देती है, जो बुलबुले तुम बना रहे हो वह वास्तव में हवा की फूँक (पफ) है जिसके चारों ओर पानी का छोटा आवरण है।

10 जल की धाराएँ

आवश्यक वस्तु

एक बड़े आकार का कैन, कॉफी या जूस रखने वाला कैन

हथौड़ी

कील

जल

मम्मी या पापा की मदद

निर्देश

1. अपने मम्मी या पापा को हथौड़ी और कील लेकर एक जार के पेंदे पर 6 मि.मी. की दूरी पर पाँच छिद्र करने के लिए बोलो।

2. हाथ से पाँचों छिद्रों को बन्द कर, जार में पानी भर दो। अब जार को सिंक के किनारे टिकाकर जार के पेंदे पर रखे अपने हाथ को हटाओ, पानी की पाँच धाराएँ फूट पड़ेगी।

3. हाथ के अँगूठे और तर्जनी की मदद से इन पाँचों धाराओं को एक साथ कर दो। सभी धाराएँ एक मोटी धारा बनकर बहने लगेगी।

विश्लेषण

पाँचों धाराओं के चारों ओर एक आवरण होता है। यह आवरण जल के कणों को लचीली और पानी को गतिशील होने देती है। यह आवरण इतनी मजबूत होती है कि सभी धारा बिना अलग हुए प्रवाहित होती है।

11 फ्लैटनिंग द होल

आवश्यक वस्तु

एक रुपये का सिक्का
कागज
पेंसिल
कैंची
क्वार्टर (25 सेंट का सिक्का)

निर्देश

1. कागज के ऊपर दस सेंट के बराबर का एक सिक्का रखकर पेंसिल से इसके आकार के बराबर रेखाचित्र बनाओ। फिर इसे काटकर बाहर निकालो जिससे वहाँ इसके आकार के बराबर एक छिद्र बन जाये।

2. अब एक क्वार्टर (25 सेंट का सिक्का) को इस छिद्र के अन्दर से निकालने का प्रयास करो। क्यों तुम कागज को बिना फाड़े ऐसा कर पाते हो?

3. इस प्रयोग का रहस्य एक साधारण-सा ट्रिक है। कागज में बने छिद्र के मध्य से इसे मोड़ो। अब कागज के मध्य बने छिद्र के अन्दर से क्वार्टर को दबाओ। क्वार्टर के हिस्से को तर्जनी और अँगूठे से पकड़कर इसे खींचो। सिक्का छिद्र के मध्य से होकर बाहर निकल आयेगा।

विश्लेषण

कागज के मध्य का छिद्र वास्तव में बड़ा नहीं हुआ है। जब तुम कागज को मोड़ते हो तो इसके छिद्र को समतल कर किनारे को एक ओर हटाते हो ताकि खुली जगह थोड़ी देर के लिए पतली हो जाये। यह सिक्के को बाहर निकलने देती है, जो कि मोटा नहीं है।

12 भिगोने वाले कारक

आवश्यक वस्तु

अखबार
कैंची
2 गिलास
जल
बर्तन धोने का (लिक्विड सोप) तरल साबून
चम्मच

निर्देश

1. अखबार से दो कागज के आकर की गुड़िया की आकृति काटो। ध्यान रहे इसका आकार इतना छोटा होना चाहिए ताकि यह गिलास में आसानी से समा सके।

2. अब दोनों गिलासों में तीन चौथाई पानी भरो। एक गिलास में लिक्विड सोप (तरल साबुन) की कुछ बूँदें डालकर इसे चम्मच से मिलाओ।

3. प्रत्येक गिलास के ऊपर एक-एक गुड़िया की आकृति को पकड़ो। दोनों गुड़िया को एक साथ गिलास के पानी में गिराओ। साबुनयुक्त पानी में मौजूद गुड़िया साफ पानी वाले गिलास की गुड़िया से पहले गीली होकर पेंदे में बैठ जायेगी। क्या तुम इसका कारण बता सकते हो?

विश्लेषण

इस प्रयोग में बर्तन साफ करने वाला तरल साबुन (लिक्विड सोप) भगोने वाले कारक (वेटिंग एजेंट) के तौर पर कार्य करता है। डिटर्जेंट जल के पृष्ठतनाव को तोड़कर उसे अखबार के कागज को गीला करने में मदद करती है। वास्तव में साबुनयुक्त जल वाले गिलास का पानी सादे जल वाले गिलास से ज्यादा गीला है।

13 ऊपरी हिस्सा नीचे की ओर

आवश्यक वस्तु

कटोरा

जल

बर्फ का टुकड़ा

निर्देश

1. कटोरे में गर्म पानी भर दो और इसे किसी ठोस सतह जैसे किसी मेज की सतह पर रखो।
2. (आइस क्यूब) बर्फ के टुकड़े को कटोरे के पानी में डालकर इसे स्थिर होने दो। इस प्रयोग को छुओ मत बल्कि इसे ध्यानपूर्वक देखो। थोड़ी देर में बर्फ का टुकड़ा पलट जायेगा। यह क्रिया बर्फ के पिघलने तक अनवरत चलती रहेगी। तुम जानते हो ऐसा क्यों होता है?

विश्लेषण

जैसे ही बर्फ का टुकड़ा गर्म पानी में तैरना शुरू करता है इसका निचला सिरा गर्म पानी के सम्पर्क में आकार शीघ्रतापूर्वक पिघलना शुरू कर देता है। इस कारण बर्फ के टुकड़े का ऊपरी भाग नीचे की अपेक्षा ज्यादा भारी हो जाता है, इसलिए ऊपरी भाग नीचे पलट जाता है। अब गर्म पानी बर्फ के नये हिस्से को पिघलाना शुरू करता है और बर्फ के पिघलने की यह प्रक्रिया तब तक चलती रहती है जब तक यह छोटे से छोटा न हो जाये।

14

साइफन विधि

आवश्यक वस्तु

2 जार

जल

30 सेमी. ऊँचा बॉक्स

एक प्लास्टिक या रबर की लचीली नली

निर्देश

1. एक जार में पानी भरकर इसे एक ठोस बॉक्स के ऊपर रखो। खाली जार को पानी से भरे जार के नीचे फर्श पर रखो।

2. प्लास्टिक या रबर की लगभग एक मीटर नली लो जो दोनों जार तक आसानी से पहुँच सके। रबर की नली के दोनों सिरों को पकड़कर पानी से भरे जार के अंदर डुबाओ ताकि यह पानी से भर जाये।

3. अँगुली से रबर के दोनों सिरों को सावधानी पूर्वक बन्द करो। इसके एक सिरे को पानी से भरे जार के अन्दर डुबा दो। इस सिरे पर अँगुली का दबाव हटा दो लेकिन इसको पानी के अन्दर जार के पेंदे तक डुबाये रखो।

4. रबर के ट्यूब के दूसरे सिरे को खाली जार के अन्दर डालकर इसके बन्द सिरे से अँगुली हटा लो। भरे हुए जार का पानी रबर की ट्यूब से होकर दूसरे खाली जार में तब तक भरता रहेगा जब तक पानी से भरा हुआ जार बिलकुल खाली नहीं हो जाता है।

विश्लेषण

तुमने साइफन विधि तैयार की है। ध्यान रहे तुम्हारे द्वारा बनाई साइफन की आकृति ऊपर से नीचे की ओर 'U' के आकार में बनी हो। जब इस साइफन की लम्बी नली से पानी दूसरे जार में गिरता है तो पानी के नीचे गिरने से वहाँ की खाली जगह को भरने के लिये ऊँचाई पर रखे जार का पानी रबर की नली में ऊँचाई तक चढ़कर 'U' बैंड से होकर दूसरे जार में गिरने लगता है। रबर की नली से होकर पानी के गिरने की प्रक्रिया अनवरत तब तक जारी रहती है जब तक इसके बहाव में बाहर से बाधा नहीं पहुँचाई जाये अथवा ऊपर रखे जार का पानी सूख नहीं जाये।

15 गुब्बारे का लिफ्ट की तरह प्रयोग

आवश्यक वस्तु

दो खाली चाय के कप
एक बड़ा गोल गुब्बारा

निर्देश

1. मेज के ऊपर चाय के दो खाली कप 12–13 सेमी. की दूरी पर रखो।
2. दोनों कपों के मध्य गुब्बारे को रखकर मुँह से इसमें तब तक हवा भरो जब तक गुब्बारा दोनों कपों को स्पर्श करने लगे। इसके पश्चात् गुब्बारे के खुले सिरे पर गाँठ लगा दो, बिना इसे टेबल से उठाये।

3. गुब्बारे को आहिस्ता-आहिस्ता ऊपर की ओर हवा में उठाओ। गुब्बारे के साथ दोनों कप भी उठ जायेंगें

विश्लेषण

जिस हवा को तुम गुब्बारे में भरते हो वह गुब्बारे के रबर का दबाव दोनों कपों के किनारे पर डालती है। इस दौरान हवा का दबाव (बल) कपों को सफाईपूर्वक जकड़ लेती है और जब तुम गुब्बारे को हवा में ऊपर उठाते हो तो यह बल कपों को नीचे गिरने से रोकती है।

16 कम दाब

आवश्यक वस्तु

गत्ता (कार्ड बोर्ड)
कैंची
लम्बा पिन
रील

निर्देश

1. 7.5 सेमी. क्षेत्रफल का एक गत्ता काटो। गत्ते के मध्य में एक पिन चुभा दो।
2. लम्बे रील के ऊपर गत्ते को इस प्रकार रखो ताकि लम्बे पिन का नुकीला सिरा रील के छिद्र के अन्दर बना रहे।

3. अपने चेहरे को ऊपर की ओर रखकर फर्श पर लेट जाओ। रील को एक हाथ से पकड़कर इसे अपने मुँह के सामने रखो। रील के छिद्र में फूँक मारकर कार्ड बोर्ड को ऊपर उठाने की कोशिश करो। कार्ड बोर्ड रील से चिपक जायेगा। चाहे तुम जितनी तेज फूँक मारो।

विश्लेषण

तुम्हारे मुँह से निकल रही हवा रील के छिद्र के रास्ते उसके ऊपर रखे कार्ड बोर्ड के ऊपर दबाव डालती है। यहाँ कम दाब का क्षेत्र उत्पन्न होता है। कार्ड बोर्ड के ऊपर की हवा इस पर नीचे की ओर दबाव डालती है और इसे रील की सतह पर टिकाये रखती है। वास्तव में जितनी तेजी से तुम रील के अन्दर फूँकते हो, इसके दोनों सतहों के बीच की पकड़ उतनी ही सख्त हो जाती है।

17 मुलायम केला

आवश्यक वस्तु

चाकू
केला
एक लम्बे आकार का बोतल जिसके मुँह से होकर केला इसके अन्दर जा सके।
अखबार
माचिस
अपने मम्मी-पापा की सहायता

निर्देश

1. अपने पापा से कहो कि वह चाकू की मदद से एक पके हुए केले का छिलकेयुक्त 4 सेमी. का टुकड़ा काटे।
2. 15 सेमी. लम्बा, 2.5 सेमी. चौड़ा अखबार को 6 मि.मी. की मोटाई तक मोड़ो। पापा से कहो कि वे माचिस से इसके एक सिरे को जलाकर सफाई पूर्वक खाली बोतल के अन्दर डाल दें।
3. बोतल के अन्दर आग जलते ही तुम केले के टुकड़े को बोतल के मुँह पर रखो ध्यान रहे यह उसके अन्दर नहीं जाये। केले का गूदेदार भाग बोतल के अन्दर चला जायेगा। उसका छिलका बोतल के मुँह के सिरे से अटककर बाहर रह जायेगा।

विश्लेषण

बोतल के अन्दर उत्पन्न ताप के कारण इसके अंदर की हवा फैलकर बोतल से बाहर निकलने का प्रयास करेगी तब तुम केला से बोतल का मुँह बन्द कर देते हो, ठंडी हवा बोतल में खाली जगह को भरेगी और वहाँ का दबाव कम हो जायेगा। बोतल के बाहर मौजूद हवा का उच्च दबाव केले के गूदे को बोतल के अन्दर ठेलने का प्रयास करेगा जिसके फलस्वरूप गूदे वाला भाग बोतल के अन्दर चला जायेगा। केले का छिलका बोतल के मुँह के काँच से अटककर बाहर ही रह जायेगा।

18 धीमी गति

आवश्यक वस्तु

गोल गुब्बारा
कैंची
अखबार
माचिस
छोटे मुँह वाला शीशे का जार
मम्पी–पापा की सहायता

निर्देश

1. गुब्बारे के ऊपरी भाग को काटकर अलग कर दो। तुम्हारे पास रबर का बड़ा-सा हिस्सा शेष रह जायेगा।

2. अखबार के टुकड़े को 12.5x7.5 सेमी. के आकार में मोड़ो। अपने पापा या मम्मी से अखबार के मुड़े हुए भाग के एक सिरे पर माचिस जला इसमें आग लगाकर इसे शीशे के जार के अन्दर डालने के लिए कहो।

3. तेजी से रबर द्वारा शीशे के मुँह को ढको। दोनों हाथों से इसे जार के मुँह पर किनारे से नीचे दबाकर पकड़ो। तुम देखोगे कि पहले गुब्बारा ऊपर की ओर खींचेगा बाद में रबर जार के अन्दर की ओर जाकर एक तेज आवाज के साथ फट जायेगा।

विश्लेषण

जलता हुआ अखबार का टुकड़ा जार के अन्दर की हवा को गर्म करता है जिसके कारण हवा में प्रसार होता है। इसी कारण गुब्बारा पहले ऊपर की ओर फूल जाता है। यहाँ का दबाव जार के बाहर के अपेक्षाकृत कम हो जाता है। बाहर की हवा जार के कम दाब को भरने के लिए रबर को ठेलते हुए जार के अन्दर प्रवेश करती है, जिसके फलस्वरूप रबर फट जाता है।

19 आईड्रोपर

आवश्यक वस्तु

सोडे का एक बड़ा पारदर्शी बोतल

जल

आईड्रोपर

कार्क

निर्देश

1. सोडा की बोतल में पानी भर दो।

2. आईड्रोपर की रबर को दबाकर इसकी नली में थोड़ा पानी खीचों। आईड्रोपर को सोडे की बोतल में सीधा करके डालो। इसे बोतल के ऊपरी भाग में तैरता हुआ रहना चाहिए। यदि आईड्रोपर पानी की सतह के नीचे डूब भी जाता है तो ड्रोपर के ट्यूब के अन्दर की पानी को इतना एडजस्ट करो ताकि यह पानी की सतह पर आसानीपूर्वक तैरता रहे।

3. सोडा की बोतल में ऊपर तक पानी भरो। इसके मुँह पर कार्क लगाकर इसे दबाओ। कार्क के दबाव के कारण आईड्रोपर पानी में थोड़ी नीचे तक गोता लगायेगा। पुनः यह अपनी जगह पर लौट जायेगा। इस क्रिया को बार-बार दोहराओ तुम देखोगे कि आईड्रोपर पानी में बार-बार गोता लगाकर वापस अपनी जगह पर लौट आयेगा।

विश्लेषण

आईड्रोपर के अन्दर हवा की थोड़ी मात्रा बची रहती है। जब तुम कार्क को बोतल के मुँह में लगाकर आईड्रोपर को नीचे दबाते हो, इसके अन्दर की हवा कम हो जाती है और इसकी ट्यूब में थोड़ा पानी भर जाता है। आईड्रोपर भारी हो जाने के कारण नीचे चला जाता है जैसे ही तुम दबाव हटा लेते हो तो दबी हुई हवा पुराने रूप में वापस लौट जाती है। ड्रोपर की ट्यूब में बढ़ी हुई पानी की मात्रा इसके बाहर निकल जाती है और ड्रोपर पहले की तरह हल्का हो जाता है। यह वापस अपनी सतह पर लौटकर तैरने लगता है।

20 पानी का बड़ा आकार

आवश्यक वस्तु

अलग-अलग आकार के बोतल और जार
पाई प्लेट
गिलास
नापने वाला कप (कप जिसमें पानी की मात्रा मापी जा सके)
जल

निर्देश

1. बोतल और जार का चुनाव करते समय इस बात का खासतौर पर ध्यान रखो कि इनमें से कुछ संकरे तथा कुछ के मुँह चौड़े हो।
2. मापने वाले कप से प्रत्येक जार, बोतल और पाई प्लेट में एक-एक कप पानी डालो। यदि एक कप पानी की मात्रा चुने गये जारों व बोतलों में ज्यादा या कम होती है तो आवश्यकता अनुसार पानी की मात्रा प्रयोग शुरू करने से पूर्व बढ़ा या घटा सकते हो।

3. सभी जार, बोतल व पाई प्लेट को किसी सूखे मगर गर्म स्थान पर एक रात या इससे कुछ ज्यादा वक्त के लिए छोड़ दें। इसके पश्चात् बर्तनों में बची पानी की मात्रा का नापो तुम देखोगे इनमें से प्रत्येक बर्तन में पानी की मात्रा अलग-अलग है। क्या तुम पानी के अलग-अलग अन्तर के बारे में बता सकते हो?

विश्लेषण

प्रत्येक बर्तन में रखी पानी की मात्रा वाष्पीकरण की क्रिया के कारण कम हो जाती है। पानी के सबसे कमी पाई के प्लेट में देखी जाती है क्योंकि इसमें रखे पानी का आकार ज्यादा बड़ा है। यह हवा के सम्पर्क में ज्यादा रहता है। दूसरे शब्दों में इसमें रखा पानी हवा के ज्यादा सम्पर्क में है इसलिए यहाँ से ज्यादा पानी वाष्पीकृत होता है। अन्य बर्तनों के मुँह कम चौड़े है इसलिए यहाँ से कम पानी वाष्पीकृत होता है। क्या तुम कल्पना कर सकते हो कि एक दिन में पानी के विस्तृत क्षेत्र से कितना पानी वाष्पीकृत होता है जैसे कि किसी तालाब या नदी में।

21 ओस और ओस का जमना

आवश्यक वस्तु

प्लास्टिक का बैग
बर्फ
हथौड़ी
कॉफी का डिब्बा
नमक
आधा चम्मच पानी
कागज
मम्पी-पापा की सहायता

निर्देश

1. एक मजबूत प्लास्टिक की थैली में बर्फ भरो। बैग को किसी ठोस सतह जैसे कंक्रीट के फर्श पर रखकर अपने मम्मी या पापा से एक हथौड़ी के द्वारा बर्फ को पीटकर छोटे-छोटे टुकड़े में बदलने के लिए कहो।

2. कॉफी के कैन (डब्बे) को लगभग पूरी तरह बर्फ से भर दो। बर्फ के ऊपर नमक भरकर इसे अच्छी तरह मिलाओ।

3. कागज के एक टुकड़े को लेकर इस पर आधा चम्मच पानी डालो और बर्फ से भरे कैन (डब्बे) को इसके ऊपर रखो।

4. कैन के किनारों पर ओस की बूँदे जमने लगेगी। कैन को ऊपर उठाओ। तुम देखोगे कि कागज कैन के पेंदे से चिपक गया है।

विश्लेषण

बर्फ के टुकड़ों के ऊपर नमक डालकर तुमने इसके तापमान को गलनांक से और भी कम कर दिया है। जैसे ही हवा कैन के सम्पर्क में आती है, वातावरण में मौजूद जलवाष्प संघनित होने लगती है, इसे ओस कहते हैं। ओस तेजी से जमकर बर्फ बन जाता है। कैन के नीचे रखा गीला कागज जमकर कैन के पेंदे से चिपक जाता है।

22 नाव को धकेलना

आवश्यक वस्तु

पतला (कार्ड बोर्ड) गत्ता

कैंची

पानी

बर्तन धोने का तरल साबुन (लिक्विड सोप)

निर्देश

1. गत्ते का एक छोटा टुकड़ा लेकर इसे नीचे दिखाये गये आकार के समान काटो।

2. सिंक में पानी भर दो। पानी के स्थिर होने के बाद गत्ते को पानी के ऊपर रखो।

3. इसके खुले हुए जगह पर तरल साबुन (डिश वॉशिंग लिक्विड) की एक बूँद डालो। लो तुम्हारा पानी का जहाज तैयार है।

विश्लेषण

तरल साबुन पानी में कार्ड बोर्ड के खुले हुए सिरे के बाहर फैलना शुरू हो जाता है। यह क्रिया अपने विरूद्ध एक बल उत्पन्न करती है जो नाव (कार्ड बोर्ड) को आगे की ओर धकेलना शुरू कर देती है।

23 छोटे क्रिस्टल्स

आवश्यक वस्तु

टीशू पेपर
कार्ड बोर्ड ट्यूब
रबर बैंड
नमक
झाड़ू की सींक

निर्देश

1. कार्ड बोर्ड के एक खुले हुए सिरे के चारों ओर टीशू पेपर लपेटो और इसके ऊपर रबर बैंड लगाकर इसे फिक्स कर दो।

2. कार्ड बोर्ड की दूसरे सिरे से इसके अन्दर 75 से 105 सेमी. ऊँची नमक भर दो।

3. कार्ड बोर्ड को एक हाथ से पकड़कर दूसरे हाथ से इसके खुले हुए सिरे में झाड़ू की सींक से नमक के क्रिस्टल पर जोर डालकर टीशू पेपर को फाड़ने की कोशिश करो। चाहे तुम इसे जितनी जोर से दबाओ, टीशू पेपर नहीं फटेगा।

विश्लेषण

नमक की परत छोटे क्रिस्टल्स से बने होते हैं जो एक दूसरे के विपरीत गतिशील होने के लिए पूर्णतया स्वतन्त्र होते हैं। जैसे ही तुम झाड़ू की सींक से नमक के ऊपर दबाव डालते हो, क्रिस्टल के ऊपर पड़ रहा दबाव कई भागों में विभक्त हो जाता है, अन्तत: जो दबाव टीशू पेपर के ऊपर पहुँचता है वह इसे फाड़ने के लिए प्रर्याप्त नहीं होता है।

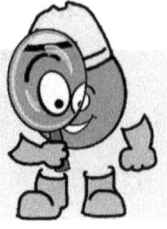

24 कमजोर बिन्दु

आवश्यक वस्तु

कागज
कैंची

निर्देश

1. कागज को कैंची से दो जगह काटो।

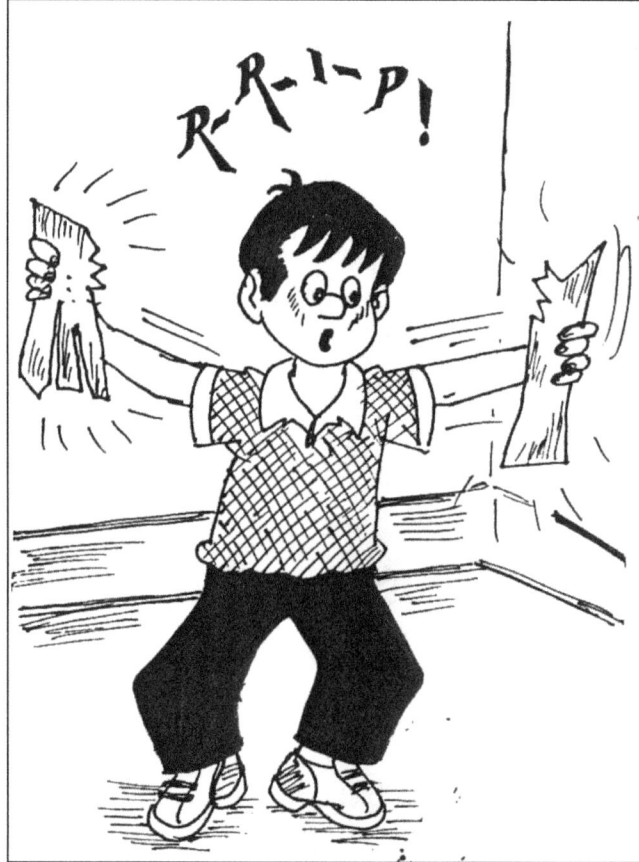

2. दोनों हाथों से कागज के कोने को पकड़ो। अब दोनों हाथों से कागज को पकड़कर इस पर समान रूप से बल लगाते हुए विपरीत दिशा में खीचों। चाहे तुम इसे जितनी सावधानी से खींचो। कागज के दो ही टुकड़े होंगे।

विश्लेषण

कागज का कटे हिस्से आपस में बराबर हो सकते हैं, लेकिन एक हिस्सा दूसरे से हमेशा ही कमजोर रहेगा। जब तुम इस पर बल लगाते हो, तब इसका कमजोर हिस्सा पहले फटेगा। बाद में लगाया गया सारा बल कागज के इसी हिस्से के ऊपर केन्द्रित रहेगा जब तक यह पूरा नहीं फट जाता। कागज के अन्य दोनों कटे हुए हिस्से इसमें जुड़े रहेंगें।

25 घूर्णन

आवश्यक वस्तु

हथौड़ी
कील
धातु का डिब्बा (कैन)
रस्सी
पानी
मम्मी-पापा की सहायता

निर्देश

1. अपने पापा से धातु के डब्बे पर लम्बवत् आकार में पाँच छिद्र करने के लिए बोलो। तीन और छिद्र कील और हथौड़ी के मदद से डब्बे के ऊपरी किनारों पर बराबर दूरी पर करो। कुल आठ छिद्र होने चाहिए।

2. तीनों छिद्र में रस्सी बाँधकर इसे एक लम्बी रस्सी से बाँधों।

3. इस डिवाइस को पेड़ की नीची टहनी से बाँधों। कैन में ऊपर तक पानी से भरो। कैन घुमने लगेगा।

विश्लेषण

कैन के किनारे बने पाँचों छिद्रों से पानी की धाराएँ फूट पड़ेगी। पानी की धाराएँ अपने विपरीत बल उत्पन्न करती है। जिसके कारण यह घूमने लगती है।

26 'S' आकारनुमा मेहराब

आवश्यक वस्तु

दस रुपये का एक नोट
दो पेपर क्लिप

निर्देश

1. दस रुपये के नोट से 'S' का आकार बनाओ। इसके दोनों बाहरी किनारों के ऊपर एक-एक क्लिप लगाओ। इसे इसे प्रकार लगाओ ताकि छोटा तार नोट के बाहरी किनारे और भीतरी किनारे पर लगा रहे।
2. अब दोनों हाथों से नोट के दोनों किनारों को पकड़ो। इसे तेजी से खीचों। पेपर क्लिप आपस में गूँथने के बाद उछलकर दूर हो जायेंगे।

विश्लेषण

तुमने रुपये को 'S' के आकार में मोड़कर एक मेहराब बनाया है। जब तुम इसके किनारों को पकड़कर सीधा खींचने की कोशिश करते हो, पेपर क्लिप इसके केन्द्र पर बल लगाती है जहाँ वे एक दूसरे से मिल जाती है, इस बिन्दु पर नोट का मोड़ हट जाता है जिसके फलस्वरूप पेपर क्लिप एक दूसरे से गूँथ जाते हैं।

27 अवरोध गति

आवश्यक वस्तु

तुम्हारे दोनों हाथ

निर्देश

तुम हमेशा यह सोचकर आश्चर्य करते होगे कि आग क्या है? यह कैसे उत्पन्न होती है? यहाँ एक छोटा-सा प्रयोग है जो तुम्हारे इस सवाल का जवाब देगी। इस प्रयोग में तुम्हारे दोनों हथेली के सिवा किसी अन्य वस्तु की जरूरत नहीं पड़ेगी।

1. तुम अपनी दोनों हथेली को थोड़ा आगे-पीछे करते हुए कई बार आपस में बार रगड़ो। तुम यह महसूस करोगे कि तुम्हारे हाथ गर्म हो गये है। क्या तुम बता सकते हो ऐसा क्यों हुआ?

विश्लेषण

किसी दो वस्तु के आपस में रगड़ने की क्रिया को घर्षण कहते हैं। तुमने अपने दोनों हथेली को आपस में रगड़कर घर्षण को महसूस किया है। घर्षण ताप उत्पन्न करती है। हवा के कण भी आपस में रगड़कर ताप पैदा करते हैं। इस प्रकार का ताप कमरे को गर्म रखती है।

28 सुचालक

आवश्यक वस्तु

एक दोस्त
किताब
फ्राइंग पैन

निर्देश

क्या तुम जानते हो कि तुम्हारे अन्दर धातु को पहचानने की शक्ति मौजूद है? इस प्रयोग के निर्देशों को पढ़ो, इसके पश्चात् आँखें बन्द कर ऐसा करने की कोशिश करो।

1. किसी से कहो कि वह इस किताब को तुम्हारे एक गाल से सटाये। उसी वक्त वह एक फ्राईंगपैन का तल तुम्हारे दूसरे गाल से सटाकर रखे।
2. तुम्हें पुस्तक थोड़ी ठंडी लगेगी, लेकिन फ्राईंगपैन ज्यादा ठंडी लगेगी।

विश्लेषण

यह पुस्तक कागज से बनी है, और फ्राइंग पैन धातु की बनी है। धातु ताप का सुचालक होता है क्योंकि गर्म करने पर यह जल्दी गर्म हो जाती है। जब किसी धातु को तुम्हारे गाल से सटाया जाता है। तुम्हारे शरीर का ताप तेजी से इसमें प्रवाहित होने लगती है और फ्राइंग पेन ठंडा महसूस होता है। दूसरी और किताब ताप का कुचालक है इसलिए तुम्हारे गाल की गर्मी महफूज रह जाती है और यह तुम्हारे गाल से थोड़ी ही ठंडी मालूम पड़ती है।

29

संचित ऊर्जा

आवश्यक वस्तु

रबर बैंड

प्लास्टिक की नली

कैंची

निर्देश

1. एक पतले रबर बैंड को आधी दूरी पर बाँधो।

2. प्लास्टिक की नली का 12 सेंमी. का एक हिस्सा काटकर इसे बाँधे गये रबर बैंड में कमान की तरह प्रयोग करो। जैसा कि नीचे दिखाये गये चित्र में दर्शाया गया है।

3. कैंची को गाँठ वाले हिस्से की ओर सावधानीपूर्वक सरकाने के पश्चात् रबर को काटो। प्लास्टिक की नली तीर की तरह दूर चली जायेगी।

विश्लेषण

वास्तव में खींचे गये रबर बैंड के तनाव में संचित ऊर्जा निहित है। तुम रबर को काटकर इसमें छुपी हुई ऊर्जा को क्रियाशील करते हो इसी कारण प्लास्टिक की नली एक दिशा में उड़कर दूर चली जाती है। यदि तुम इसे गौर से देखोगे तो तुम पाओगे कि रबर बैंड भी विपरीत दिशा में चली गयी है। प्रत्येक क्रिया के दौरान ठीक उसके ही बराबर विपरीत प्रतिक्रिया होती है।

30 गुरुत्व बल और गति

आवश्यक वस्तु

एक डंडा

निर्देश

1. सीधे खड़े होकर डंडे को अपनी हथेली में लम्बवत् रखो।

2. कुछ दूर चलने के दौरान डंडे को नियन्त्रित रखने का प्रयास करो। जैसे ही तुम आगे की ओर चलोगे डंडा आगे की ओर झुकेगा लेकिन यह नहीं गिरेगा। जब तुम रुकोगे डंडा पुन: लम्बवत् आकार में आ जायेगा। क्या, तुम जानते हो कि डंडे के ऊपर कौन-सा बल कार्य करता है?

विश्लेषण

जब तुम सीधे खड़े रहते हो डंडे के ऊपर केवल एक ही बल कार्य करता है- गुरुत्वाकर्षण बल। यह डंडे को नीचे की ओर आकर्षित करती है इसलिए डंडा निश्चित तौर पर नियन्त्रित होकर सीधा खड़ा रहता है। जैसे ही तुम कुछ मीटर आगे की तरफ बढ़ते हो, यद्यपि तुम्हारे आगे बढ़ने की गति डंडे के ऊपर अतिरिक्त बल का प्रयोग करती हैं अब तुम्हारे हथेली पर खड़ा डंडा दोनों बलों पर नियन्त्रण पाने के लिए निश्चित रूप से हिलेगा। नीचे की ओर गुरुत्वाकर्षण बल के कारण तथा आगे की ओर गतिज ऊर्जा के कारण।

31

कंपन

आवश्यक वस्तु

बेसबॉल बैट
रबर की ठोस हथौड़ी

निर्देश

1. बेसबॉल के लकड़ी के हैंडल को अपने अँगूठे और तर्जनी के मध्य पकड़ों। बैट को नीचे ढीला लटकने दो।
2. रबड़ की हथौड़ी से बैट के सबसे नीचे चौड़े भाग पर थपकी दो। तुम लकड़ी में तेज कंपन महसूस करोगे।
3. बैट के अलग-अलग हिस्सों पर हथौड़ी से प्रहार करने पर एक जगह ऐसी मिलेगी जहाँ चोट करने पर कंपन नहीं होगा।

विश्लेषण

जब तुम बेसबॉल के बैट को घुमाते हो, बॉल लकड़ी के खास जगह पर अच्छी तरह टकराती है। तुम इस जगह को सेंटर ऑफ परक्यूशन कह सकते हो। तुम इसे अपने बैट पर देख सकते हो। जहां चोट करने पर कंपन नहीं होता है। बैट की दूसरी जगह में कंपन उत्पन्न करती है। यही कारण है कि जब तुम अपने बैट के हत्थे के निकट बॉल को हिट करते हो तो तुम्हारे हाथ में झन्नाहट होती है।

32 रोलिंग मोशन

आवश्यक वस्तु

धातु का डब्बा
दो प्लास्टिक के बने ढक्कन जो डब्बे पर अच्छी प्रकार फिट हो सके।
दो रबड़ बैंड
रस्सी
नट और बोल्टस
अपने मम्मी-पापा की सहायता

निर्देश

1. अपने मम्मी या पापा से कहो कि वह कॉफी के डब्बे के पेंदे को काटकार अलग कर दें। अब तुम्हारे पास एक बेलनाकार डब्बा (सिलेंडर) हो जायेगा जिसमें ढक्कन और पेंदा नहीं है। अब दोनों ढक्कन के सिरों पर पाँच सेमी. की दूरी पर दो छिद्र करो। दोनों छिद्र वृत्ताकार केन्द्र से बराबर दूरी पर होनी चाहिए।
2. रबड़ बैंड को काटो। ढक्कन के एक छिद्र से इसे बाँधों। रबड़ का दूसरे सिरे को ढक्कन के दूसरे छिद्र से बाँधों। दूसरे ढक्कन को ऐसा ही करो।
3. कॉफी के डब्बे के अन्दर एक रस्सी की मदद से दोनों रबड़ को जोड़ दो। रस्सी को भारी बनाने के लिए इसमें नट या बोल्ट बाँधों।
4. ढक्कन को काफी कैन के दोनों सिरों पर फिट करो। इसे फर्श के बीच पर लुढ़काओ। यह आश्चर्यजनक रूप से तुम्हारे पास वापस लौट आयेगा।

विश्लेषण

जैसे ही डब्बा फर्श पर लुढ़कना शुरू करेगा, रबड़ का बाहरी हिस्सा ढक्कन की गति के अनुरूप इसके साथ घुमेगा। लेकिन इसके अन्दर का भार इसकी भीतरी हिस्से को लुढ़कने से रोकने की कोशिश करती है। जिसके परिणामस्वरूप रबड़ बैंड में ऐंठन शुरू हो जायेगी और रबड़ के अन्दर कुछ गतिज ऊर्जा का समावेश करती है। डब्बे के रूकने पर रबड़ बैंड में संचित ऊर्जा अपनी पुनर्वस्था में वापस लौटना चाहती है जिसके फलस्वरूप डिब्बा वापस अपने मालिक के नजदीक लौट आती है।

33 फिसलनयुक्त दीवार

आवश्यक वस्तु

ताश (प्लेइंग कार्ड)
गिलास
साबुन

निर्देश

1. ताश की गड्डी से एक पत्ता (कार्ड) निकालो। पीने का एक गिलास लो जिसके ऊपरी किनारे नुकीले हों। गिलास का मुँह ताश के पत्ते से थोड़ा चौड़ा होना चाहिए।

2. गिलास को भीतरी सतह पर साबुन रगड़कर फिसलनयुक्त बना दो।

3. अब ताश के पत्ते को गिलास में लम्बवत् डालो। ताश का पत्ता ऊपर की ओर उछल पड़ेगा।

विश्लेषण

जब तुम ताश (प्लेंइग कार्ड) के पत्ते को लम्बवत् रूप से गिलास के पेंदे की तरफ दबाओगे, इसका किनारा थोड़ा मुड़ जायेगा। यह गिलास के चिकने दीवार के विरूद्ध एक बल उत्पन्न करता है जो पत्ते को वापस ऊपर की ओर उछाल देती है।

34 वर्षा की बूँद और हैम्बर्गर

आवश्यक वस्तु

छोटा पारदर्शी जार या बोतल

रबिंग अल्कोहल

जल

आई ड्रॉपर

खाद्य तेल

निर्देश

1. जार या बोतल में रबिंग अल्कोहल लगभग पूरा भर दो। अल्कोहल के लेबल को नोट करो। अब इसे आधा कर बाकी भाग में पानी भरो।

2. आई ड्रॉपर में थोड़ा खाद्य तेल भरो। आई ड्रॉपर को पानी और अल्कोहल के मिश्रण के सतह के बीच रखो, ड्रॉपर को दबाकर एक बूँद तेल बाहर निकालो। तेल की बूँद यहाँ तैरती रहनी चाहिए, लेकिन यदि ऐसा नहीं है तो सावधीपूर्वक तब तक अल्कोहल डालो जब तक तेल की बूँद इसके मध्य नहीं आ जाये।

3. यदि बूँद ऊपर आ जाये, जैसा कहा गया है थोड़ा पानी डालकर बूँद को इसके केन्द्र में रखो। तुम इस मिश्रण के मध्य में एक रहस्यपूर्ण गोला तैरता हुआ देखोगे।

विश्लेषण

पानी/अल्कोहल का घनत्व केवल अल्कोहल के घनत्व से ज्यादा होता है लेकिन यह शुद्ध पानी के घनत्व से कम होता है। तुम एक ऐसे वातावरण का निर्माण करते हो जो खाद्य तेल के बराबर होता है- अल्कोहल और पानी का मिश्रण। इसलिए एक ओर बूँद के पास अतिरिक्त बल नहीं होता जो इसे खींचे, दूसरी ओर यह मिश्रण के मध्य लटकती रहती है। यही कारण है कि बूँद पूर्ण गोले के आकार में रहती है उदाहरण के लिए प्रकृति में बल सदैव बराबर नहीं होता है, वर्षा की बूँद शायद ही कभी गोल होती है। जमीन पर गिरते ही यह हैमबर्गर की आकार की तरह चिपटी हो जाती है।

35

फ्लैगपोल

आवश्यक वस्तु

तार

खाली रील

रस्सी

दो छोटे आकार के खाली बॉक्स (ज्वेलरी आदि में इस्तेमाल होने वाले)

सिक्के

निर्देश

1. रील के अन्दर से तार डालकर इसके सिरों को आपस में बाँधों। इसे किसी दीवार में लगे हुक से लटकाओ।

2. एक रस्सी को रील के ऊपर से इस प्रकार लटकाओ कि दोनों सिरों पर कुछ मीटर लम्बी रस्सी लटकती रहे। दोनों सिरों पर गत्ते के डब्बे बाँधो।
3. कुछ सिक्के एक बॉक्स के अन्दर डालो। अब दूसरे बॉक्स में इतने सिक्के डालो ताकि पहला बॉक्स उठ जाये। देखों! दोनों बॉक्स में से प्रत्येक में कितने सिक्के हैं?

विश्लेषण

बॉक्स को ऊपर उठाने के लिए समान संख्या के सिक्कों की जरूरत है। तुमने एक साधारण घिरनी बनायी है, जो बल की दिशा को बदलने का साधन है। जब तुम एक बॉक्स को नीचे खींचते हो दूसरा बॉक्स समान ऊँचाई पर उठ जाता है। बहुत से साधनों में घिरनी का प्रयोग किया जाता है। स्कूल के सामने फहराते हुये झंड़े को देखो। क्या कोई प्रत्येक सुबह इसे वहाँ लगाने के लिये चढ़ सकता है? स्कूल के सामने के झंडे के पोल के ऊपर घिरनी लगी रहती है। जब रस्सी के एक सिरे को नीचे खींचा जाता है, झंडा ऊपर जाकर फहराने लगता है।

36 नमकीन पानी

आवश्यक वस्तु

कच्चा अण्डा

दो पानी पीने का गिलास

पानी

एक नमक से भरा चम्मच

निर्देश

1. एक गिलास में पानी भरकर इसमें कच्चा अण्डा डालो। तुम देखोगे कि अण्डा डूबकर पेंदे में बैठ जाता है।

2. अण्डे को बाहर निकालो और नमक से भरा चम्मच पानी में डालो। नमक को चम्मच से चलाकर पूरी तरह घुला दो। अण्डे को इस लवणयुक्त पानी में डालो। इस बार यह तैरने लगेगा।

3. अण्डे को गिलास से बाहर निकालो। लवणयुक्त जल को गिलास से बाहर निकालकर इसे आधा कर दो। अब दूसरे गिलास में ताजा पानी भरो। इसे धीरे-धीरे लवणयुक्त पानी में डालकर गिलास को ऊपर तक भर दो। (यह महत्त्वपूर्ण है कि पानी को लवणयुक्त पानी में सावधानीपूर्वक आहिस्ता मिलाओ ताकि ताजा पानी लवणयुक्त पानी में मिश्रित नहीं हो)।

EGG IN FRESH WATER

EGG IN SALT WATER

FRES WATER

ALT WATER

4. पहले की तरह अण्डे को गिलास में डालो। आधा अण्डा पानी में तैरने लगता है।

विश्लेषण

तरल पदार्थ की उछाल इसे ऊपर की ओर धकेलती है। तरल का भार और उछाल का बल बराबर हो जाता है। अण्डा शुद्ध पानी में डूबकर पेंदे में बैठ जाता है। क्योंकि पानी का भार जिसे अण्डा नीचे की ओर धकेलता है वह अण्डे के भार से कम होता है। यद्यपि लवणयुक्त पानी शुद्ध पानी से ज्यादा भारी होता है। बराबर की मात्रा का लवणयुक्त पानी ज्यादा बल उत्पन्न करता है जो इसे ऊपर की ओर धकेलती है, जिसके कारण अण्डा तैरता रहता है। जब आपके पास लवणयुक्त पानी की सतह के ऊपर शुद्ध पानी की एक सतह है, अण्डा इन दोनों के मध्य लवणयुक्त पानी की सतह पर तैरता रहता हैं।

37 पृथ्वी की सतह

आवश्यक वस्तु

छिछला तसला या कड़ाही
रेत
छोटे आकार वाले पत्थर के टुकड़े
खिड़की, जिस रास्ते धूप अन्दर कमरे में आती हो

निर्देश

1. एक कड़ाही में सूखा रेत भरो।
2. रेत के ऊपर कुछ पत्थर के टुकड़े रखो। इसके नुकीले सिरे को रेत पर रखकर इसकी परतों को कुछ ऊँचा करो।
3. इस प्रयोग को किसी ऐसी खिड़की के सामने रखो जहाँ चमकदार धूप अन्दर आती हो। इसे यहाँ पर कम से कम एक घंटे के लिए छोड़ो। जब तुम वापस लौटोगे तुम पत्थरों के सतह को छू कर देखो। वे गर्म मालूम पड़ेंगे। अपना हाथ कड़ाही के ऊपर रखो। तुम्हे पत्थरों के ऊपर गर्म हवा आती हुई महसूस होगी। लेकिन जैसे ही तुम हाथों को यहाँ से दूर ले जाओगे, हवा ठंडी मालूम पड़ेगी।

विश्लेषण

पत्थर और रेत सूरज से गर्मी के रूप में ऊर्जा संचय करते है। यही कारण है कि वे धूप के सम्पर्क में आकर गरम मालूम पड़ते हैं। लेकिन पत्थर अपने चारों ओर की हवा में गर्मी उत्सर्जित करते हैं। पत्थर के द्वारा गर्मी के विकरण की दर सूर्य से पत्थर को गर्म करने के दर की अपेक्षा कम होती है। सारी पृथ्वी इसी प्रक्रिया का पालन करती है। यह दिन के वक्त सूरज से गर्मी संचय करती है, इसके पश्चात् पृथ्वी सारी रात हवा में ताप उत्सर्जित करती रहती है। लेकिन पृथ्वी की सतह से जितनी ऊँचाई पर तुम जाते हो, वहाँ कम गर्मी होती है। इसीलिए पहाड़ की चोटी (हिलटाप) काफी ठंडी होती है। यह जगह पृथ्वी से काफी ऊँची होती है। वहाँ से काफी दूर जहाँ से ऊष्मा उत्सर्जित होती है। पृथ्वी के ऊपरी वातावरण में नीचे के सतह की अपेक्षा कम गर्मी होती है।

38 सीधा दाँतखोदनी

आवश्यक वस्तु

लकड़ी की दाँतखोदनी
आई ड्रॉपर
पानी

निर्देश

1. इस पेज का प्रयोग, प्रयोग के लिए करो। अपने कागज के एक पन्ने पर इस चित्र को पुनः बनाओ।
2. दाँतखोदनी को ठीक बीच से तोड़ो, मगर उसे एक दूसरे से अलग नहीं करो। एक दूसरे से जुड़े हुए इसे वी V के आकार में बनाओ।

3. इसे लिखे शब्द पर इस प्रकार लगाओ कि इसके मध्य का नुकीला सिरा नीचे की ओर रहे।

4. एक आई ड्रॉपर का प्रयोग इसके जोड़ पर एक बूँद पानी डालने के लिए करो।

विश्लेषण

जब तुम दाँतखोदनी पर पानी की एक बूँद डालते हो, पानी की कुछ मात्रा काठ सोख लेती है। लकड़ी के तन्तु में विस्तार होता है और दाँतखोदनी (टूथपिक) सीधी होकर अलग हो जाती है।

39 विद्युतीय आकर्षण

आवश्यक वस्तु

छिलकायुक्त अन्न
प्लेट या कटोरा
ऊनी कपड़ा
ग्रामोफोन का पुराना रेकॉर्ड

निर्देश

1. अन्न को प्लेट में रखकर इसे मेज के ऊपर रखो।
2. ऊनी कपड़े जैसे स्वेटर आदि के टुकड़े को पुराने ग्रामोफोन के रेकॉर्ड से रगड़ो।

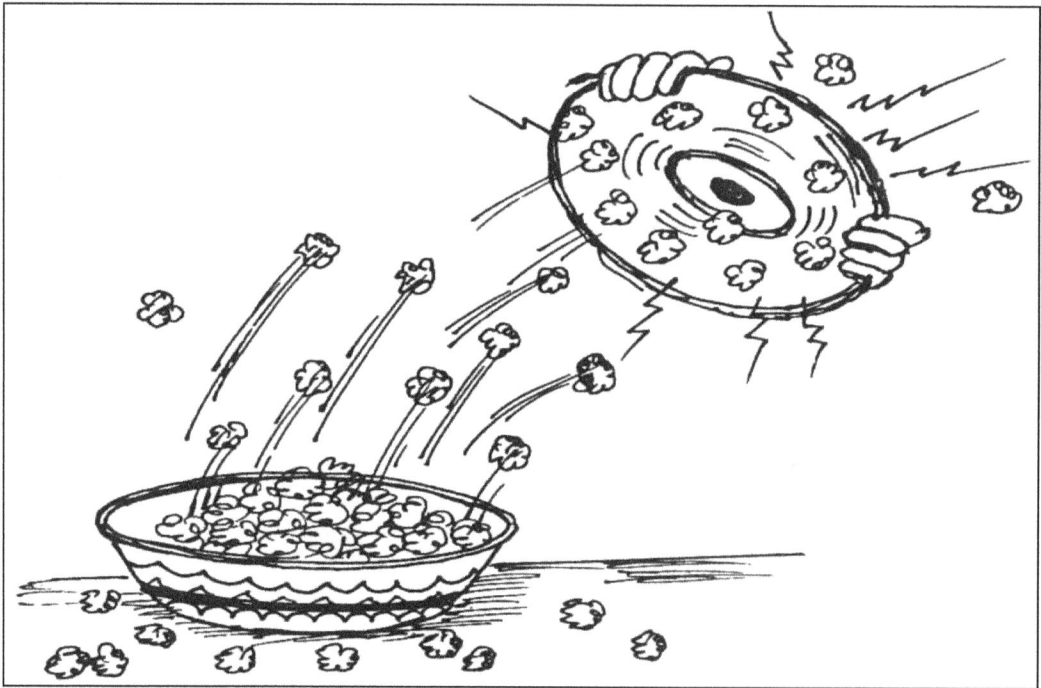

3. अब रेकॉर्ड के उस हिस्से को नीचे रखो जिधर ऊनी कपड़े को रगड़ा गया है। इसे अन्न रखे प्लेट के ऊपर ले जाओ। तुम देखोगे कि कुछ अन्न उछलकर रिकॉर्ड से चिपक जायेंगे फिर नीचे गिर जायेंगे।

विश्लेषण

रेकॉर्ड को ऊनी कपड़े से रगड़ने पर इसकी सतह बिजली के आवेश से आवेशित हो जाती है। ये आवेशित कण इलेक्ट्रॉन कहलाते है। रिकॉर्ड की सतह बिजली का सुचालक नहीं है इसलिए इलेक्ट्रॉन अपनी जगह पर ही रहते हैं यद्यति आवेशित कण एक दूसरे को खंडित करते हैं। जब आवेशित रिकॉर्ड को अन्न के प्लेट के ऊपर ले जाया जाता है तो इसके इलेक्ट्रॉन छिलकेयुक्त अन्न को अपनी ओर आकर्षित करते हैं। इसके बाद इलेक्ट्रॉन छिलकेयुक्त अन्न को भी आवेशित कर देते हैं। अब रिकॉर्ड और छिलकेयुक्त अन्न दोनों के ऊपर इलेक्ट्रॉन के आवेश से आवेशित हो जाते हैं। यह नकारात्मक आवेश इसे एक दूसरे से अलग कर देता है और छिलकायुक्त अन्न नीचे गिर जाता है।

40

बालों में कंघी

आवश्यक वस्तु

पानी की टोंटी (नल)

प्लास्टिक की कंघी

निर्देश

1. नल को खोलकर इससे हल्की पानी की धारा प्रवाहित होने दो।

2. एक प्लास्टिक की कंघी से बालों पर कई बार कंघी करो। अब कंघी को पानी की धारा के निकट ले जाओ। तुम देखोगे की पानी की धारा कंघी की ओर आकर्षित होगी।

विश्लेषण

कंघी करने के दौरान कंघी के दाँत बालों से रगड़ खाकर आवेशित हो जाते हैं। यह आवेश विपरीत आवेश से आवेशित पानी के कणों को अपनी ओर आकर्षित करती है जिसके कारण पानी की धारा इसकी ओर मुड़ जाती है।

41 आवेशित कण

आवश्यक वस्तु

पारदर्शी जार

कार्क जो अच्छी तरह जार के मुँह पर फिट हो सके

कुछ मीटर लम्बा ताम्बे का नम्बर 18 तार

एल्युमीनियम फॉइल

प्लास्टिक की कंघी

निर्देश

1. ताम्बे के तार को कार्क के ऊपर 2.5 से 5 सेमी. छोड़कर उसके अन्दर धकेलो। इसे घुँघराले आकार में मोड़ दो ताकि तार कार्क के अन्दर नहीं फिसल जाये। इसके दूसरे लम्बे सिरे को त्रिभुज के आकार में मोड़ो।

2. एल्युमीनियम फाइल का 12-13 मी.मी. चौड़ा, 10 सें.मी. लम्बा टुकड़ा काटो। लम्बाई

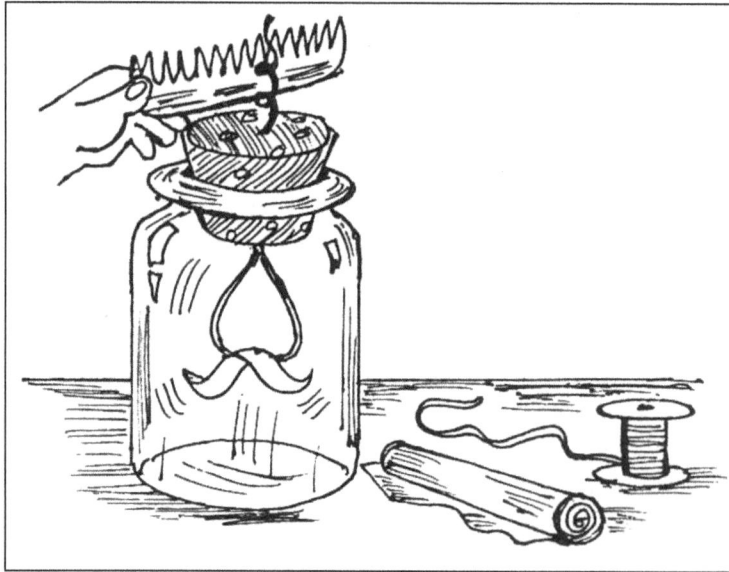

के आकार में इसे मोड़कर तार के त्रिभुज के आधार पर इसे लटकाओ। कार्क को जार के मुँह पर लगा दो।

3. प्लास्टिक की कंघी से कई बार अपने बालों में कंघी करो। इसके पश्चात् कंघी को कार्क के ऊपरी भाग में निकले घूँघराले (टेढ़े-मेढ़े) भाग के ऊपरी भाग में सटाओ। तुम देखोगे कि जार के अन्दर तार से लटकता हुआ फाइल थोड़ा हट जायेगा। कंघी को तार के सिरे से हटाकर अब इसे अपने अँगुली से छुओ। फाइल पुन: अपनी जगह वापस लौट आयेगा।

विश्लेषण

बालों में कंघी करने के दौरान बालों से रगड़ खाकर प्लास्टिक के सिरे इलेक्ट्रॉन के कणों से आवेशित हो जाते है। इसके पश्चात् कंघी को तार के मुड़े हुए सिरे से सटाने पर आवेशित इलेक्ट्रॉन तार के द्वारा प्रवाहित होकर एल्युमीनियम फाइल के मुड़े हुए सतह तक पहुँच जाता है। क्योंकि समान आवेश एक दूसरे को खंडित करते है। फाइल का अन्तिम सिरा एक दूसरे से अलग हो जाता है। जब तुम अपनी अँगुली से तार के सिरे को छूते हो, तुम आवेश को तार से वापस लौटा लेते हो, तो तार से आवेश हट जाता है इसलिए फाइल के दोनों सिरे (मुड़ा हुआ भाग) सामान्य स्थिति में लौट आता है।

42 आवेशित कणों का संचय

आवश्यक वस्तु

असुगंधित जिलेटिन
प्लेट
गुब्बारा
ऊनी कपड़े का टुकड़ा

निर्देश

1. एक लिफाफे से असुगंधित जिलेटिन को प्लेट में डालो।
2. गुब्बारे को फुलाकर इसके सिरे को बाँध दो। ऊनी कपड़े का कोई टुकड़ा जैसे स्वेटर को गुब्बारे से रगड़ो।

3. गुब्बारे का स्पर्श जिलेटिन के सतह से कराओ। अब गुब्बारे को धीरे-धीरे ऊपर उठाओ। जिलेटिन के कई कालम बन जायेंगे।

विश्लेषण

जब तुम गुब्बारे को ऊनी कपड़े से रगड़ते हो तो गुब्बारे के ऊपर विद्युतीय आवेश इकट्ठा हो जाता है। यह आवेश जिलेटिन के कणों को गुब्बारे की सतह की ओर आकर्षित करते हैं। जहाँ वे चिपक जाते हैं। इसकी सतह पर कुछ अतिरिक्त कण इकट्ठा हो जाते है। इसलिए जब तुम गुब्बारे को ऊपर उठाते हो, तो जिलेटिन अलग होकर कालम बनाते हैं।

काल्पनिक रेखा

आवश्यक वस्तु

बड़ा नारंगी लगभग 30 सेमी.
रस्सी
स्केल
पतले प्वाइंट वाला मार्कर
टार्च

निर्देश

1. नारंगी को मापने के लिए एक रस्सी लो और इसे नारंगी के चारों ओर लपेटकर इसकी लम्बाई को नापो। इसके पश्चात् इसे एक स्केल के किनारे रखकर इसकी लम्बाई नोट कर लो।
2. पतले प्वाइंट युक्त एक मार्कर से नारंगी के मध्य प्रत्येक 12 मि.मी. की दूरी पर 24 लाइन खींचो।
3. अब नारंगी के ऊपरी भाग से एक लाइन खींचो, एक लाइन ठीक इसके बीच में हो। नारंगी के नीचे तक। इस तरह कुल 24 लाइन खींचो।
4. नारंगी की सीध में एक टार्च जलाओ, नारंगी को घुमाते हुए नोट करो कि कितनी रेखाएँ रोशनी और अंधेरे के बीच गुजरती है।

विश्लेषण

तुमने पृथ्वी के आकार का एक मॉडल बनाया है। बहुत समय पहले प्रत्येक आदमी इस बात से सहमत था कि पृथ्वी 24 भागों में बँटा है जैसा कि तुमने नारंगी को मार्कर से बाँटा है। निश्चिततौर पर यह काल्पनिक रेखाएँ थी। ये देशांतर कहलाती है। मान लो कि तुम्हारा टार्च सूर्य है। क्या तुम देख सकते हो कि पृथ्वी के एक भाग में दिन है और दूसरे भाग में रात्रि है?

44 रेत का निपटारा

आवश्यक वस्तु

पानी
छोटा सासपैन
नमक
चम्मच
प्लास्टिक या गत्ते से बना डब्बा
एल्युमीनियम का बना डब्बा (खाद्यय पदार्थ रखने में प्रयोग किया जाने वाला)
कील
मम्मी या पापा की सहायता
रेत

निर्देश

1. अपने मम्मी या पापा से कहो कि एक छोटे आकार के सासपैन में एक कप पानी लेकर इसे स्टोव के माध्यम आँच में इसे गर्म करो। पानी के गर्म होने पर इसमें नमक डालकर इसे अच्छी प्रकार मिलाओ। नमक लगातार इसमें डालकर इसे तब तक मिलाते रहो जब तक नमक इसमें आसानी से घुलता रहे। इसके पश्चात् इसे स्टोव से नीचे उतारो।
2. एक बड़े आकार के प्लास्टिक के डब्बे में बालू भरो। यह इतना बड़ा होना चाहिए

जिसमें आसानी से मिलाया जा सके (इसके लिए किसी पुरानी कटोरी या आइसक्रीम के डब्बे का प्रयोग किया जा सकता है।) इसमें नमक का घोल डालकर इसे अच्छी तरह मिलाओ। बालू अच्छी तरह नम हो जाना चाहिए।

3. अपने मम्मी या पापा से एक एल्युमीनियम के डब्बे के नीचे कील की सहायता से एक छोटा छिद्र करने के लिए कहो। नमक और बालू के मिश्रण को इस डब्बे में डालकर अत्यधिक पानी को बाहर निकलने दो।

4. इस प्रयोग को किसी गर्म व सूखी जगह पर कुछ दिनों के लिए छोड़ दो। बालू के सूख जाने के बाद इसमें बचे अवशेष को बाहर निकालकर इसकी परीक्षा करो। तुमने अपना बनाया हुआ पत्थर पकड़ा है।

विश्लेषण

तुमने बलुआ पत्थर बनाया है जैसा कि प्रकृति इसका निर्माण करती है। नमक बालू के कणों को चिपका देती है और जिससे वे आपस में पकड़ बनाये रहती है। तुम बलुआ पत्थर के टुकड़े को देखोगे तो पता चलेगा कि यह कई परतों से बनी हुई है। यह तभी होता है जब लवणयुक्त तलछट एक दूसरे के ऊपर अवस्थित होती है। ये अलग-अलग परतें एक दूसरे को दबाकर एक नया चट्टान बनाती है।

45 चिपटी अण्डाकार आकृति

आवश्यक वस्तु

गोल गुब्बारा
पानी
रस्सी
हाथ से चलने वाली ड्रिल मशीन
स्क्रू

निर्देश

1. एक गुब्बारे को नल की टोंटी में लगाकर इसमें पानी भरो। एक रस्सी के द्वारा इसके मुँह को अच्छी तरह बाँधो।

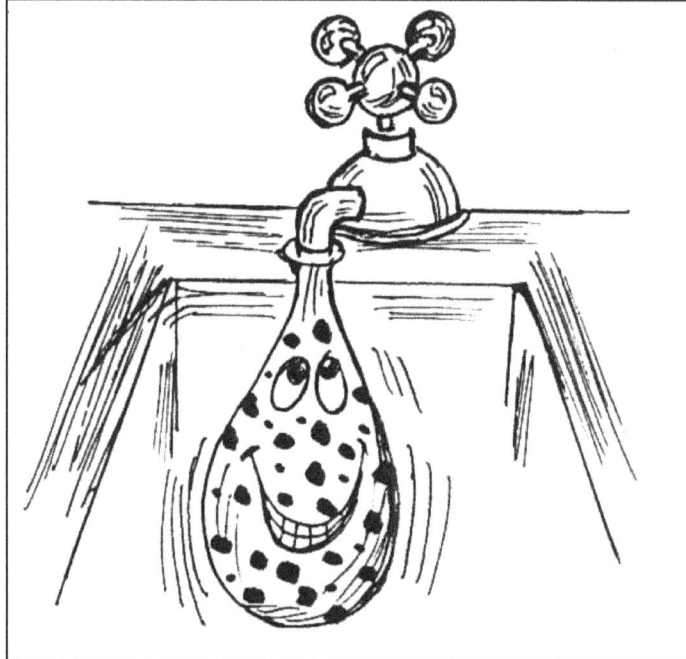

2. स्क्रू को हैंडड्रिल में फँसा दो। स्क्रू के किनारे को गुब्बारे में रस्सी के द्वारा बाँधो।

3. अब ड्रिल और गुब्बारे को उठाकर सिंक के ऊपर लाओ या इस प्रयोग को घर के बाहर करो। ड्रिल के हैंडिल को घूमाना शुरू करो धीरे-धीरे घूमाने की गति में तेजी लाओ। तुम देखोगे कि घूमने के दौरान गुब्बारे का आकार परिवर्तित हो जाता है। तुम इसे गोलाकार से चिपटा होते और किनारे को फूलते हुए देखोगे।

विश्लेषण

ड्रिल मशीन के घूमने के दौरान पानी की बूँदे बाहर की ओर निकलना चाहती है। जिसके कारण गुब्बारे के किनारे फूल जाते हैं। इस प्रकार की आकृति चिपटी अण्डाकार आकृति कहलाती है। पृथ्वी का आकार भी इसी की तरह है। यद्यपि यह उतनी अधिक चिपटी नहीं है जैसा तुमने बनाया है।

46 मोबियस की पट्टी

आवश्यक वस्तु

अखबार
कैंची
टेप
कलम या मार्कर

निर्देश

1. 5 सेमी. चौड़ी अखबार की लम्बी पट्टी काटो। इसमें दो पेजों का प्रयोग करना अच्छा रहेगा।

2. पट्टी को नीचे लिटा दो। दोनों किनारों को एक साथ लाओ, लेकिन दोनों को जोड़ने के पहले उनमें के एक सिरे को आधा मोड़ो। इस अवस्था में दोनों सिरों पर टेप चिपका दो। अब तुम्हारे पास एक फंदा तैयार है।

3. कैंची से इस फंदे के केंद्र को काटकर दो भागों में करो। तुम्हारे पास एक फंदा रह जायेगा जिसका दोगुना आकार वास्तविक फंदे के बराबर होगा।

विश्लेषण

तुमने मोबियस का फंदा बनाया है। इस प्रकार के आकृति की खोज सर्वप्रथम जर्मनी के वैज्ञानिक मोबियस ने की थी। उन्होंने दिखाया कि इस प्रकार की पट्टी का केवल एक किनारा होता है। तुम इसे दूसरे मोबियस का फंदा बनाकर साबित कर सकते हो और फंदे के चारों ओर एक लगातार लकीर खींचकर लाइन वहीं खत्म होगी जहाँ वह शुरू होती है।

47 अनोखा कैचअप की बोतल

आवश्यक वस्तु

कैचअप के बोतल
सिंक
गर्म पानी

निर्देश

1. कैचअप के साफ और खाली बोतल को सिंक के अन्दर डालकर इसे गर्म पानी से तब तक भिगाओ जब तक इसका लेबल न ऊतर जाये। बोतल में कुछ पानी छोड़कर इसे काउंटर के ऊपर लिटा दो।

2. अब लेबल का रोल बनाओ जिसके प्रिंट का हिस्सा बाहर की ओर रहे। इसका व्यास बोतल के मुँह से छोटा होना चाहिए। इसे बोतल के मुँह में धकेलो।

3. बोतल को ऊपर-नीचे झुकाकर इसके अन्दर के पानी को धीरे-धीरे बाहर निकलने दो। लेबल ग्लास के अन्दर चिपक जायेगा और इसी अवस्था में सूख जायेगा।

विश्लेषण

जब तुम लेबल के रोल को बोतल के अन्दर डालोगे, कागज पानी को सोखकर चिपटा हो जायेगा। बाद में तुम बोतल के अन्दर से पानी निकाल दो, तब गीला कागज शीशे से चिपक जायेगा।

48 सिक्के से सिक्का

आवश्यक वस्तु

समान आकार के पाँच सिक्के

चिकनी सतह

निर्देश

1. मेज या काउंटर की चिकनी सतह पर चार सिक्के एक कतार में रखो। सिक्के एक-दूसरे से सटे होने चाहिए।
2. कतार के आखिरी सिक्के से पाँच सेमी. दूर पाँचवाँ सिक्का कतार में रखो।
3. पाँचवें सिक्के के पीछे अँगुली से इसे आगे की ओर धक्का दो। ताकि यह कतार के आखिरी सिक्के को आगे की ओर धकेले। यह सिक्का कतार के आखिर में जाकर जुड़ जायेगा और कतार में सबसे आगे वाला सिक्का आगे खिसक जायेगा।

विश्लेषण

तुमने सिक्के से आगे की ओर ठेलकर बल उत्पन्न किया है। जब यह सिक्का दूसरे सिक्के से टकराता है, यह रूक जाता है। यद्यति बल एक से दूसरे सिक्के में स्थानान्तरित होकर सबसे आगे पाँचवें सिक्के तक पहुँच जाता है। आगे किसी दूसरे सिक्के के नहीं होने के कारण यह सिक्का आगे की ओर खिसक जाने के लिए स्वतन्त्र रहता है।

49 चुम्बकीय क्षेत्र

आवश्यक वस्तु

शक्तिशाली चुम्बक
जूते का डब्बा ढक्कन सहित
किताबें
पेपर क्लिप
एक मीटर लम्बी रस्सी

निर्देश

1. जूते के डब्बे की आखिरी हिस्से पर एक शक्तिशाली चुम्बक रखो। कुछ किताब इसके अन्दर रखो ताकि डब्बा नहीं गिरे, इसके पश्चात् डब्बे को कवर से ढक दो। डब्बे को मेज के ऊपर इस तरह रखो कि डब्बे का वह भाग जिधर चुम्बक रखा गया है, वह भाग मेज के बाहर हवा में रहे।

2. रस्सी के किनारे को पेपर क्लिप से बाँधों। रस्सी का दूसरा हिस्सा फर्श तक पहुँचने दो। यहाँ कुछ किताबें रखो।

3. पेपर क्लिप को बॉक्स की ओर उठाओ। रस्सी की लम्बाई व्यवस्थित करो जब तक क्लिप हवा में टंग नहीं जाये। तुम देखोगे पेपर क्लिप हवा के मध्य रहस्यपूर्ण तरीके से तैरने लगेगा।

विश्लेषण

तुम जानते हो कि चुम्बक लोहे को अपनी और आकर्षित करता है। चुम्बकीय क्षेत्र सभी दिशाओं में समान रूप से फैलकर गत्ते के बॉक्स से बाहर निकल आती है। पेपर क्लिप इसी चुम्बकीय क्षेत्र से आकर्षित होता है लेकिन डब्बे से जाकर नहीं चिपकता है क्योंकि वह रस्सी से बँधा है, रस्सी छोटी है।

50 नमक और पानी

आवश्यक वस्तु

नमक
काली मिर्च
पानी पीने का गिलास
चम्मच
पानी

निर्देश

1. एक खाली गिलास में थोड़ा-सा नमक और गोल मिर्च छिड़को और एक चम्मच लेकर इसे मिलाओ। क्या तुम कोई तरीका बता सकते हो जिससे ये काली मिर्च और नमक अलग-अलग हो जायें।

2. थोड़ा पानी गिलास में डालो। चम्मच से इसे मिलाओ। देखो, नमक कहाँ गया?

विश्लेषण

गिलास में पानी डालकर इसे मिलाने से नमक इसमें घुल जाता है। जबकि काली मिर्च पानी में अघुलनशील होने के कारण पानी में शेष रह जाता है।

51

जंग लगना

आवश्यक वस्तु

स्टील वूल
काँच का जार
पानी
एक चम्मच सिरका
एक चम्मच सोडा

निर्देश

1. स्टील वूल का एक बाल शीशे के जार के अन्दर डालो। जार में इतना पानी भरो कि स्टील वूल अच्छी तरह डूब जाये।

2. इसमें एक चम्मच तथा एक चम्मच सोडा डालकर इसे आधे घंटे के लिए किसी शांत जगह पर छोड़ दो। जब तुम वापस लौटोगे तो देखोगे कि स्टील वूल में जंग लग चुका है। क्या तुम जानते हो कि यह इतनी जल्दी कैसे हुआ?

विश्लेषण

लोहे को हवा तथा नमी की उपस्थिति में छोड़े जाने पर धीरे-धीरे उसमें जंग लग जाता है। (लोहा ऑक्सीजन की उपस्थिति में जल से प्रतिक्रिया करता है) इस प्रयोग में ऑक्सीजन की अत्यधिक मात्रा सोडा और सिरके के रूप में छोड़ी गयी। यह ऑक्सीजन भीगे हुए स्टील वूल के साथ सम्पर्क में आया। स्टील लोहे का ही एक प्रकार है और लोहा के कण और ऑक्सीजन मिलकर जंग लगने की प्रक्रिया शुरू करते हैं।

52 तरल पदार्थ का कम हो जाना

आवश्यक वस्तु

2 पारदर्शी क्वार्टर जिस पर मार्किंग बना हो

पानी

1 पैमाना युक्त क्वार्टर

रबिंग अल्कोहल

चम्मच

निर्देश

1. 2 पारदर्शी पैमानायुक्त क्वार्टर में ठीक एक क्वार्टर पानी भर दो।

2. सिंगल क्वार्टर में ठीक एक क्वार्टर अल्कोहल भरो। अल्कोहल को बड़े आकार के कंटेनर में डालकर इसे चम्मच से अच्छी तरह मिलाओ। देखो, कंटेनर में इस घोल का क्या लेबल है? इसका लेबल मार्क 2 क्वार्टर के चिह्न से कुछ कम हो गया है। क्या तुम इसका कारण बता सकते हो क्यों?

विश्लेषण

तुमने सावधानीपूर्वक एक क्वार्टर पानी और एक क्वार्टर रबिंग अल्कोहल नापा है। तुम सोचोगे कि इसका योग दो क्वार्टर होना चाहिए। लेकिन यहाँ एक अन्य कारक कार्य करता है। जैसे ही अल्कोहल को पानी में मिलाया जाता है, अल्कोहल जलीय कणों में टूट जाता है। यह मिश्रण डबल क्वार्टर के चिह्न से थोड़ा कम जगह लेता है।

53

अम्ल और क्षार

आवश्यक वस्तु

दो लाल गोभी के पत्ते
जार
पानी
आईड्रॉपर
सिरका
1 चम्मच बेकिंग सोडा
1 चम्मच नारंगी का जूस

निर्देश

1. लाल गोभी के एक पत्ते को छोटे-छोटे टुकड़ों में काटो। इस टुकड़ों को जार में डालकर इसमें पानी भर दो।

2. इस मिश्रण को थोड़ी देर के लिए छोड़ दो, इसके पश्चात् गोभी के पत्ते को बाहर निकालो। तुम देखोगे पानी हल्का नीले रंग का हो गया है।
3. एक आई ड्रॉपर में सिरके की कुछ बूँदें खींचो। आई ड्रॉपर से सिरके की बूँदें इस घोल में डालो। इसे अच्छी तरह मिला दो। अब घोल का रंग गुलाबी हो जायेगा। इस घोल में थोड़ा-सा बेकिंग सोडा डालकर इसका नीला रंग पुनः वापस ला सकते हो। क्या तुम इन रंगों के बदलने का कारण जानते हो?

विश्लेषण

तुम गोभी के पत्ते से रंगने का पदार्थ लेते हो। यह तत्व पानी के रंग को नीला कर देता है। यह सूचक के तौर पर जाना जाता है। इसमें (इंडिकेटर) में सिरके की कुछ बूँदे मिलाने से इसका रंग गुलाबी हो जाता है, क्योंकि यह घोल अब अम्ल बन चुका है। इसमें बेकिंग सोडा डालने से यह पुनः प्रतिक्रिया करता है। इस समय यह घोल भस्म कहलाता है। भस्म और अम्ल एक दूसरे के विपरीत होते है। अब सिरके की जगह नारंगी के जूस से एक प्रयोग करो। नारंगी का जूस अम्ल है अथवा भस्म?

54 नियमित डिजायन

आवश्यक वस्तु

इप्सम नमक
छोटा चम्मच
आधा कप पानी
छोटा पैन (कड़ाही)
घर में प्रयोग होने वाला ग्लू (लसलसा पदार्थ)
शीशे का पेन
कपड़ा
अपने मम्मी-पापा की सहायता

निर्देश

1. आधा कप पानी में इप्सम नमक मिलाओ।

2. अपने मम्मी या पापा से एक छोटे पैन (कड़ाही) में इस घोल को स्टोव के ऊपर गर्म करने के लिए कहो। इसमें इतना नमक डालो कि इससे ज्यादा नमक के घोल में घुलने की गुंजाइश न रहे। अब इसमें ग्लू की कुछ बूँदें डालो।

3. एक शीशे के पेन में इसके गर्म घोल को डालो। एक कपड़े की मदद से इस घोल को पैन में फैला दो। तुम्हारी आँखों के सामने एक चमकदार परत दिखायी पड़गी।

विश्लेषण

तुमने मैग्नीशियम सल्फेट का क्रिस्टल तैयार किया है। तुमने मैग्नीशियम स्ल्फेट को पानी में घोला गर्म घोल को शीशे के पैन के ऊपर डालने पर इसका पानी वाष्पीकृत होकर उड़ जाता है। मैग्नीशियम क्रिस्टल के कण व्यवस्थिततौर पर शीशे के पैन के ऊपर रह जाते है। क्रिस्टल के किनारे वास्तव में मैग्नीशियम सल्फेट के कण है जो क्रमानुसार सुसज्जित है।

55 धाराओं का सम्बन्ध बदलना

आवश्यक वस्तु

दस ताँबे के सिक्के
जूस का गिलास
सिरके से भरा कप
एक चम्मच नमक
कील

निर्देश

1. जूस के गिलास में दस ताँबे के सिक्के डालो और इसमें थोड़ा-सा नमक तथा सिरका डालकर इसे अच्छी प्रकार मिलाओ।

2. एक साफ लोहे की कील इस घोल में डालकर थोड़ी देर तक इंतजार करो। शीघ्र ही तुम देखोगे कि कील के ऊपर चमकीली धातु का आवरण चढ़ गया है।

विश्लेषण

सिक्के ताँबे से बने हैं। ताँबे का कुछ भाग सिरके और नमक से प्रतिक्रिया कर घोल में घुल जाता है। कुछ ताँबे के कण और कुछ लोहे के कण आपस में स्थान बदलने लगते हैं जिसके फलस्वरूप तुम कील के ऊपर ताँबे की परत जढ़ जाती है। कील के ऊपर जिस परत को तुम देखते हो वह ताँबे की परत है।

56 साबुन कैसे बनायें?

आवश्यक वस्तु

1 कप पानी
1 कप बेकिंग सोडा
1 कप सलाद का तेल
इनामेल सासपैन
लकड़ी की चम्मच
चम्मच
ढक्कन सहित बड़ा जार
अपने मम्मी-पापा की सहायता

निर्देश

1. एक इनामेल सासपैन में थोड़ी-थोड़ी मात्रा में पानी, बेकिंग सोडा और सलाद तेल डालो। (धातु का सासपेन प्रयोग में नहीं लाओ) लकड़ीनुमा चम्मच से इस घोल को अच्छी तरह मिलाओ।
2. अपने मम्मी या पापा से इस सासपेन को स्टोव की धीमी आँच पर चढ़ाने के लिए बोलो। इसे लगातार चलाते रहो। घोल का पानी गर्म होकर उड़ जायेगा और घोल का मिश्रण गाढ़ा हो जायेगा। जब ऐसा हो जाये तो इस

मिश्रण को थोड़ी देर तक उबलने दो तत्पश्चात् सासपेन को नीचे उतारकर इसे ठंडा होने के लिए छोड़ दें।

3. इस मिश्रण से एक चम्मच मिश्रण निकालकर एक बड़े जार में डालो। दो कप गर्म पानी जार डालो। जार के ऊपर ढक्कन कस दो। जार को जोर-जोर से हिलाओ। जार झाग से भर उठेगा। यह झाग कहाँ से आया?

विश्लेषण

तुमने एक साबुन बनाया है और यह झाग घोल को हिलाने से प्राप्त हुआ है। हमारे लिए साबुन को किसी दुकान से खरीदना आसान है, लेकिन शुरूआती दिनों में साबुन बनाने वाले लोग इसी प्रकार साबुन को बनाते थे। जैसा कि अभी तुमने बनाया है। यद्यपि लोग इसमें ग्रीस और लकड़ी की राख का इस्तेमाल करते थे। राख के अन्दर एक मजबूत रसायन है जिसे क्षारपूर्ण जल कहते है। तुम्हारे प्रयोग में सलाद तेल की जगह ग्रीस तथा बेकिंग सोडा की जगह क्षारपूर्ण जल का प्रयोग किया जा सकता है।

57 बड़ी रसभरी काट

आवश्यक वस्तु

कुछ हरे टमाटर
सेव
कागज का बैग

निर्देश

1. सभी हरे टमाटर को एक कागज के थैले में रखो और एक सेव को इस बैग में रखो। थैले का मुँह बन्द कर इसे एक ठंडे अंधेरी जगह पर कुछ दिनों के लिए छोड़ दो। जैसे कि किसी छोटे या पीछे वाले कमरे में।
2. कुछ दिनों के बाद थैले में रखे टमाटरों को देखो, अगर वे लाल नहीं हुए हैं तो थैले को वापस कुछ दिनों के लिए उसी स्थान पर रखो शीघ्र ही तुम्हे रसदार पके हुए टमाटर मिलेंगे।

विश्लेषण

तुमने टमाटर के पकने की सामान्य क्रिया को और तेज कर दिया थैले में रखा सेव एक गैस छोड़ता है, जिसे इथलीन कहते है। यह गैस टमाटर में शर्करा और इस्टर्स बनाने के लिए दबाव डालती है शर्करा टमाटर को मीठा बनाती है और इस्टरस इसका स्वाद और सुगन्ध बढ़ाती है। अब तुम इसके स्वाद का मजा लो।

58 रेशेदार जाली का काम

आवश्यक वस्तु

कागज का रोल
सेलो टेप

निर्देश

1. मेज की सतह पर एक कागज रखो। इसके ऊपर सेलोटेप का छोटा टुकड़ा हल्के से दबाओ।
2. धीरे-धीरे सेलोटेप को कागज से ऊपर की ओर खींचो। सेलोटेप को ऊपर की ओर पकड़े रहो। तुम देखोगे कि अनेक छोटे-छोटे रेशे दिखायी देंगे।

विश्लेषण

तुम्हें कागज के रेशे दिखायी देंगे। कागज का रोल एक ठोस टुकड़ा दिखायी पड़ता है किन्तु वास्तव में यह छोटे-छोटे तन्तु या रेशों से बना हुआ है। तुमने चिपकने वाले टेप का इस्तेमाल इसके रेशों को अलग करने के लिए किया है। कुछ रेशे अब भी इसकी सतह से चिपके हुए हैं।

59

चिपचिपा लसलसा

आवश्यक वस्तु

एक वालपेपर युक्त दीवार

ब्रेड का एक स्लाइस

निर्देश

1. तुम्हारे घर या अपार्टमेंट में एक ऐसी दीवार की तलाश करो जहाँ धब्बा हो, जैसे स्वीच बोर्ड वाली जगह क्योंकि यहाँ बार-बार हाथ के स्पर्श होने से यह जगह गंदी हो जाती है।

2. राई ब्रेड के स्लाइस से इस धब्बेयुक्त जगह को बार-बार रगड़ो। तुम देखोगे कि वहाँ जमी मैल खत्म हो गयी है और वह जगह साफ सुथरा नजर आ रहा है।

विश्लेषण

राई ब्रेड के बनाने में जिस आटा का प्रयोग होता है उसमें ग्लूटेन नामक पदार्थ पाया जाता है। ग्लूटेन प्रोटीन से बनता है जो लसलसा किस्म का होता है। जब तुम ब्रेड को वालपेपर के ऊपर रगड़ते हो तो मैल ग्लूटेन से चिपककर उस स्थान से दूर हो जाती है। स्टोर में बिकने वाले वालपेपर क्लीनर में भी ग्लूटेन होता है।

60

वाटर मैटर

आवश्यक वस्तु

बड़ा कटोरा
पानी
गाजर
सेव

निर्देश

1. कटोरे में पानी भरो।

2. कटोरे के पानी में एक गाजर को डालो। गाजर पेंदे पर बैठ जायेगा।

3. अब कटोरे के पानी में एक सेव को डालो। सेव पानी की सतह के ऊपर तैरने लगेगा। क्या तुम बता सकते हो क्यों?

विश्लेषण

गाजर और सेव जैसे खाद्यय पदार्थों के अन्दर भी हवा काफी मात्रा में पायी जाती है। गाजर का आकार सुगठित और भारी है, इसलिए यह कटोरे के पानी में आसानी से डूब जाता है। सेव की बनावट गाजर की तरह सुगठित नहीं होती और उसके अन्दर हवा मौजूद होती है जो उसे तैरने में मदद करती है।

61

नो इंट्री

आवश्यक वस्तु

घर का पौधा
दो प्लास्टिक के बैग
पेट्रोलियम जेली

निर्देश

1. घर के पौधे के एक पत्ते को प्लास्टिक के बैग से ढककर इसके सिरे को तने के समीप तार से बन्द कर दो।

2. एक दूसरे पत्ते के दोनों और पेट्रोलियम जेली का लेप लगाओ। इस पत्ते को भी पहले की

तरह प्लास्टिक के दूसरे बैग से ढककर इसके सिरे को भी तने के समीप तार से बन्द कर दो।

3. एक-दो दिन इंतजार करने के बाद दोनों पत्तों को खोलकर देखो। जिस पत्ते के ऊपर बैग बाँधा गया था उसकी सतह पर पानी की बूँदें दिखायी पड़ेगी। जिस पत्ते के दोनों तरफ पेट्रोलियम जेली लगायी गयी थी, उसके ऊपर बँधा प्लास्टिक का बैग सूखा मिलेगा। सामान्य पत्ते ने वातावरण से हवा ग्रहण किया और वाष्पीकरण की क्रिया की जिसके फलस्वरूप बैग के भीतरी सतह पर पानी संघनित हो गया।

विश्लेषण

पौधों में अनेक रन्ध्र पाये जाते है। जिसके द्वारा हवा उसमें प्रवेश करती है और पानी वाष्पीकृत होता है। ये बहुत सारे रन्ध्र स्टोमा कहलाते हैं। एक पत्ते के ऊपर पेट्रोलियम लगे होने के कारण इसके स्टोमा से पानी वाष्पीकृत नहीं हो पाता, जिससे बैग सूखा रह जाता है। दूसरे पत्ते में हवा और पानी सामान्य तौर पर अवशोषित तथा वाष्पीकृत होती है। इसी कारण इस बैग में पानी की बूँदें पाई जाती है।

62 पानी की बूँदे

आवश्यक वस्तु

छोटे आकार का केन
सूखे बीच
मोमबत्ती
रसोई में प्रयुक्त होने वाला बड़ा चिमटा
ठंडी गिलास
मम्मी या पापा की सहायता

निर्देश

1. कैन को धोने के पश्चात् अच्छी तरह सुखा लो।
2. कैन के भीतर कुछ बीज डालो जिससे उसका पेंदा ढक जाये।

3. अपने मम्मी या पापा से कहो कि वह चिमटे की सहायता से इस कैन को अच्छी प्रकार पकड़कर मोमबत्ती की लौ पर गर्म करें।

4. उनसे कहो कि जब तक कैन में रखे बीज काले नहीं हो जाये तब तक वे कैन को गर्म करना जारी रखें।

विश्लेषण

सूखे बीज के अन्दर भी कुछ पानी होता है। जैसे ही तुम्हारे मम्मी या पापा कैन में रखे बीजों को गर्म करते हैं, इसके अन्दर की नमी वाष्प बनकर उड़ जाती है। गिलास के ठंडी सतह के सम्पर्क में आकर यह वाष्प पानी की बूँदों में बदल जाती है। बीज को लगातार गर्म करते रहने से इसके अन्दर की सभी नमी बाहर निकल जाती है। काले रंग का बचा हुआ पदार्थ कार्बन शेष रह जाता है।

63

बीज में छिद्र

आवश्यक वस्तु

20 सूखे बीज
गिलास
पानी

निर्देश

यहा एक साधारण-सा प्रयोग है जिसे तुम महज कुछ मिनटों में कर सकते हो।

1. 20 सूखे बीज एक गिलास के अन्दर डालो। गर्म पानी गिलास में डालो जब तक बीज डूब नहीं जाये।

2. कुछ मिनटों में तुम देखोगे कि बिन्स से छोटे-छोटे बुलबुले उठ रहे हैं। ये बुलबुले प्रत्येक बीज के एक ही स्थान से उठते हैं। क्या तुम बता सकते हो कि क्यों हो रहा है?

विश्लेषण

बीन के बीजों में हवा होती है। जब उसे पानी में डुबाया जाता है। यह हवा बीज में से एक छोटे छिद्र से निकलते हैं जो बीजों के अंकुर निकलते वक्त पानी का प्रयोग करती है।

64 जियोट्रोप्जिम

आवश्यक वस्तु

2 शीशे के प्लेट अथवा पारदर्शी प्लास्टिक की प्लेट जिसका व्यास 7.5 से 12.5 सेमी. तक हो
डेस्क ब्लोटर के टुकड़े, जिन्हें प्लेट के आकार के बराबर काटो
पानी
बड़े बीज जैसे तरबूज, कद्दू आदि
रस्सी
पेन

निर्देश

1. ब्लोटर को पानी में भिगोकर इसे शीशे के प्लेट के ऊपर रखो। कुछ बीजों को इस नम ब्लोटर के ऊपर इस तरह रखो ताकि उसके नुकीले हिस्सों की दिशा अलग-अलग हो।
2. दूसरे प्लेट को पहले प्लेट के ऊपर रखकर इसे सैंडविच के आकार में रस्सी के द्वारा बाँधो।
3. इस उपकरण को एक पेन में रखकर इसमें 1.25 इंच पानी डालो। इसके अंकुर निकलने तक प्रतिदिन इसकी निगरानी करो। ऐसा होने पर तुम देखोगे कि प्रत्येक बीज से जड़ नीचे की ओर निकलेंगे और कोपल ऊपर की ओर।

4. इस घटना के एक दिन के बाद, शीशे के प्लेट को दूसरी दिशा की ओर मोड़ो शीघ्र तुम देखोगे कि जड़ें पुनः नीचे की ओर मुड़ जायेंगी और कोपलें ऊपर की ओर उगने लगेगी। वे कैसे जानते हैं कि उन्हें किसी दिशा की ओर जाना है।

विश्लेषण

इस बात से कोई मतलब नहीं है कि बीज जमीन के ऊपर किस अवस्था में पड़ा है। इसके जड़ हमेशा नीचे की ओर ही पनपते हैं। बीजों की यह प्रवृत्ति जियोट्राप्जिम कहलाती है। प्रकृति के अन्य कारक जैसे गर्मी और प्रकाश इसके कोपलों को ऊपर की ओर उगने में मदद करते हैं।

65 पत्ते का हरा रंग

आवश्यक वस्तु

तीन चम्मच नेल पालिश रिमूवर
छोटा गिलास
पौधे की ताजा पत्ती
सफेद कागज का रील

निर्देश

1. 3 चम्मच नेल पालिश रिमूवर को एक छोटे गिलास में डालो। पत्ती को छोटे टुकड़ों में तोड़कर उसे गिलास के अन्दर डालो। इस प्रयोग को कुछ घंटों या रात भर के लिए शांत जगह पर छोड़ दो। तुम्हारे लौटने तक यह घोल हरा हो जायेगा।
2. सफेद कागज का 2.5 सेमी. लम्बा 2.5 सेंमी चौड़ा एक पट्टी काटो। इसकी लम्बाई गिलास से बड़ी होनी चाहिए। इस कागज के टुकड़े के एक सिरे को गिलास में डालो

तथा इसका दूसरा सिरा गिलास से बाहर लटकने दो। शीघ्र ही हरे रंग का घेरा कागज के नम सिरे की ओर बन जायेगा। यह धीरे-धीरे दूसरे सिरे की ओर बढ़ता जायेगा।

विश्लेषण

तुमने पत्ते से क्लोरोफिल प्राप्त किया है। सभी हरे पौधों में क्लोरोफिल पाया जाता है, जो प्रकाश की उपस्थिति में पानी और कार्बन डाइऑक्साइड के साथ मिलकर अपने लिए भोजन बनाता है। कागज का टुकड़ा, नेल रिमूवर और क्लोरोफिल के घोल को सोखता है। हरे घेरे को ध्यान से देखो। तुम्हें दो या दो से अधिक पृथक् घेरे हरे और पीले रंग के दिखायी पड़ेंगे। जो दिखाते हैं कि एक पौधे में कई प्रकार के क्लोरोफिल मौजूद रहते हैं।

66 पत्ते की संरचना

आवश्यक वस्तु

तीव्र हरे रंग की चमकदार पत्ती
वैक्स पेपर
अखबारी कागज
बिजली का आयरन
अपने मम्मी या पापा की सहायता

निर्देश

क्या तुम्हें हरे चमकदार पत्तों को गिरते देखकर खुशी होती है? अगर तुम ऐसा कर सको तो यहाँ एक तरीका है तुम्हारे इस मनपसन्द चीज को सुरक्षित रखने का।

1. एक पत्ती को दो वैक्स पेपर के मध्य रखो। इसके बाद इसे एक अखबार के ऊपर रख दो। अखबार के कुछ पेज से इस वैक्स पेज को ढक दो।

2. अपने मम्मी या पापा से कहो कि आयरन को सबसे कम मोड़ पर रखे। उनकी निगरानी में अखबार के ऊपर आयरन करो जब तक कि वैक्स पेपर पिघल नहीं जाये। इसे देखने के लिए तुम अखबार के पेज को उठाकर देख सकते हो। अब पत्ती को सावधानीपूर्वक हटाकर इसे अच्छी तरह ठंडी होने दो।

विश्लेषण

गर्म आयरन के प्रभाव से वैक्स पेपर गर्म होकर पिघल जाता है और इसका आवरण पत्तियों के दोनों ओर ऊपर चढ़ जाता है। यह पत्ती को सूखने और सहज में टूटने से बचाती है। पत्ते इस तरह लम्बे दिनों तक सुरक्षित रहते हैं। तुम इसका स्क्रैप बुक बना सकते हो।

67 माइक्रोस्कोपिक पौधे

आवश्यक वस्तु

तलाब या झील का पानी

नापने के लिए कप

दो जार

एक चौथाई आकार का डब्बा (कंटेनर)

एक चम्मच घरेलू पौधों की खुराक (भोजन)

रबर बैंड

सफेद कागज

चकाचौंध रोशनी युक्त लैंप

चीजक्लाथ

निर्देश

1. दोनों जार में क्रमशः 'ए' और 'बी' का लेबल लगाने के पश्चात् इसमें तलाब या झील का एक-एक कप पानी डालो।

2. क्वार्टर कंटेनर में पानी भरकर इसमें एक चम्मच (तरल पदार्थ) घरेलू पौधे की खुराक इसमें डालो। इसे अच्छी तरह मिलाने के पश्चात् इस घोल का एक चम्मच 'बी' जार में डालो।

3. चीजक्लाथ से जार के मुँह को ढकने के पश्चात् इस पर रबर बैंड चढ़ा दो।

4. मेज के ऊपर रखे सफेद कागज के ऊपर दोनों जार को रखो। एक तेज रोशनी वाले लैम्प को इस प्रकार रखो कि इसकी अधिकतर रोशनी उस पर पड़ती रहे। इसे एक दिन और एक रात के लिए छोड़ दो। एक से तीन सप्ताह के अन्तराल में तुम नोट करोगे कि जार के अन्दर हरे रंग का प्रभाव बढ़ गया है। जार में रखे अतिरिक्त खाद्य पदार्थ के डालने से इसका पानी ज्यादा पुष्टिकारक हो गया जिसके फलस्वरूप इसमें दूसरे जार से ज्यादा 'एल्गी' पनप गयी है। किस जार में ज्यादा वृद्धि देखी गयी है 'ए' या 'बी' में?

विश्लेषण

यद्यपि हम उन्हें नहीं देख सकते इस माइक्रोस्कोपिक प्लांट को एल्गी कहते हैं जो तलाबों और झीलों में पायी जाती है। लैम्प की रोशनी सूर्य के प्रकाश समान कार्य करती है जो जार में इसकी वृद्धि में सहायक है। 'बी' जार के अन्दर अतिरिक्त खाद्य पदार्थ के डाले जाने से इसका पानी ज्यादा पुष्टिकारक हो गया जिसके फलस्वरूप इसमें पहले वाले जार से ज्यादा एल्गी पनप गयी है।

68

सेल मल्टीप्लीकेशन

आवश्यक वस्तु

एक चम्मच चीनी
छोटा गिलास
पानी
खमीर

निर्देश

यह एक ऐसा मजेदार प्रयोग है जिसमें तुम्हें इसे साफ करने के लिए चिन्तित होने की जरूरत नहीं है।

1. एक छोटे आकार के गिलास में एक चम्मच चीनी डालो। इसमें गर्म पानी डालकर इसे तब तक मिलाओ जब तक चीनी अच्छी तरह न घुल जाये।

2. इसके अन्दर सूखे खमीर का एक टुकड़ा डालकर इसे मिलाओ।

3. इस मिश्रण को आधे घंटे के लिए छोड़ दो, शीघ्र तुम देखोगे कि गिलास के ऊपरी किनारे पर काफी झाग जम गया है।

विश्लेषण

सूखा खमीर वास्तव में जीवित जीवाणुओं का समूह है जो निष्क्रिय पड़े रहते हैं। यद्यपि इस प्रयोग में चीनी का घोल खमीर को भोजन और पानी प्रदान करता है। जो खमीर के विभाजन की क्रिया में साथ देते हैं। खमीर चीनी को अल्कोहल और कार्बन डाइऑक्साइड में विभाजित कर देता है कार्बन डाइऑक्साइड बुलबुला उत्पन्न करता है जिसे तुम देखते हो। यह क्रिया फार्मेन्टेशन कहलाती है।

69 बर्लीज सेपरेटर

आवश्यक वस्तु

छोटा जार
रबिंग अल्कोहल
½ किलो काफी का डब्बा (केन)
धातु या प्लास्टिक का कीप
खिड़की के परदे का छोटा भाग
जंगल
प्लास्टिक का बैग
बिजली का बल्व
सफेद कटोरा
मैग्नीशियम ग्लास

निर्देश

1. एक छोटे जार में अल्कोहल भरकर इसे किसी काफी केन के अन्दर रखो।

2. काफी केन के किनारे पर धातु या प्लास्टिक का कीप (शीशे का नहीं) इस प्रकार रखो कि इसकी टोंटी छोटे जार की ओर रहे।

3. पुराने परदे के कपड़े से इतना बड़ा हिस्सा काटो जिसका व्यास कीप के व्यास से बड़ा हो (इसे कीप में डालकर के कप के बराबर आकार में बना दो।

4. अब ढाई इंच मिट्टी खोदकर इसे प्लास्टिक के बैग में भरो। इसे घर में लाकर खाली कर दो। इसे मिट्टी को कप के आकारनुमा परदे के ऊपर भरो।

5. इसे बिजली के बल्ब से कुछ सेंमी. की दूरी पर रखो इस प्रयोग को कुछ दिनों के लिए दोड़ दो। कुछ दिनों के पश्चात् जार में रखे अल्कोहल की जाँच करो।

विश्लेषण

तुमने बर्लीज सेपरेटर बनाया है, जो मिट्टी में छिपे नन्हें कीटाणुओं को इकट्ठा करती है। बिजली के बल्ब की गर्मी मिट्टी की नमी को सूखा देती है। मिट्टी के अंदर कीटाणु होते हैं जिसे नमी की आवश्यकता होती है, ये कीटाणु नमी की तलाश में नीचे की ओर बढ़ते हैं और आखिर में अल्कोहल में गिर पड़ते हैं। अल्कोहल में तुम बहुत सारे कीटाणुओं को देखोगे। छोटे जार के अल्कोहल को सफेद कटोरे में उलट दो। अब नन्हें कीटाणुओं को मैग्नीफाइंग ग्लास से देखो।

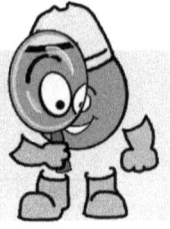

70 कला का नमूना

आवश्यक चीजें

मकड़ी की जाली
सफेद रंग का एनामेल पेंट
गहरे रंग का कागज

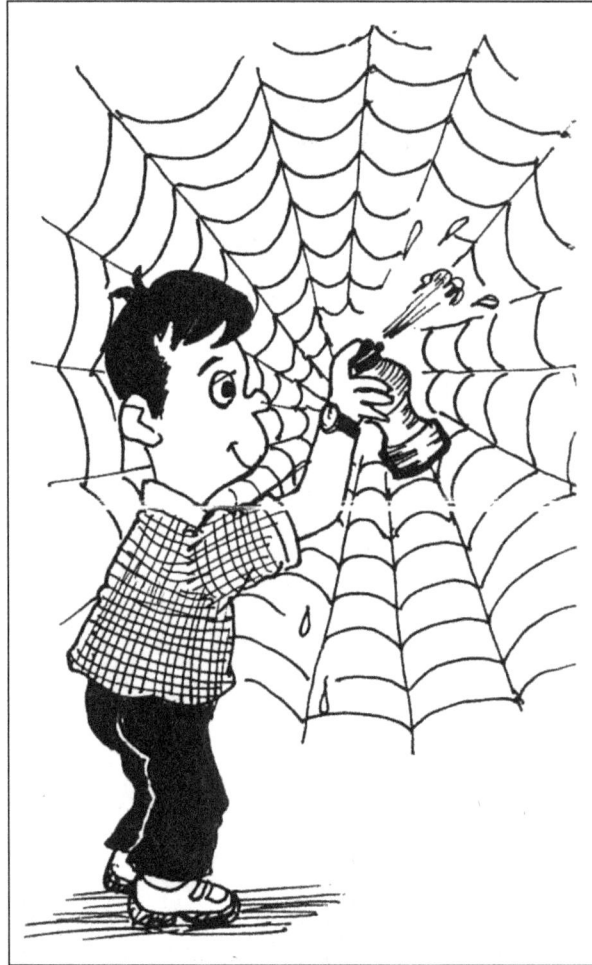

निर्देश

अगली बार जब तुम बाहर में मकड़ी की जाली देखो, इस प्रयोग को घर के बाहर पालतू जानवर तथा पौधों से दूर करने की कोशिश करो। क्यों स्प्रे पेंट इन्हें नुकसान पहुँचा सकते हैं।

1. सफेद रंग के एनामेल पेंट से मकड़ी की जाली के ऊपर पेंट स्प्रे करो। स्प्रे इतना ही करो ताकि वह नीचे नहीं गिरे।

2. इसके पहले कि स्प्रे सूख जाये, एक काले रंग या गहरे रंग का कागज जाली के ऊपर रखो। जाली कागज के ऊपर चिपक जायेगी। इस कागज को सूखने के लिए छोड़ दो।

विश्लेषण

प्रकृति के इस सुन्दर कलाकृति को देखो जिसे मकड़ी ने तुम्हारे लिये बनाया है। मकड़ी के शरीर के पिछले हिस्से में एक ग्रन्थि होती है। यह ग्रन्थि मकड़ी बनाने के लिए तरल पदार्थ बनाती है। यह तरल पदार्थ उसके शरीर से बाहर निकलने पर हवा के सम्पर्क में आकर धागे का निर्माण करती है। पहले मकड़ी लम्बे किनारे बनाती है जो केन्द्र से बाहरी सिरों की ओर जाती है। ये चिपकने वाले नहीं होते क्योंकि मकड़ी इसके ऊपर आसानीपूर्वक चल सकती है।

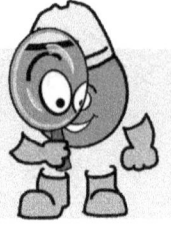

रूपान्तर

आवश्यक वस्तु

ढलता हुआ दिन
कैटर पिलर
जार
पत्ते
टहनी
कपड़ा
रबर बैंड

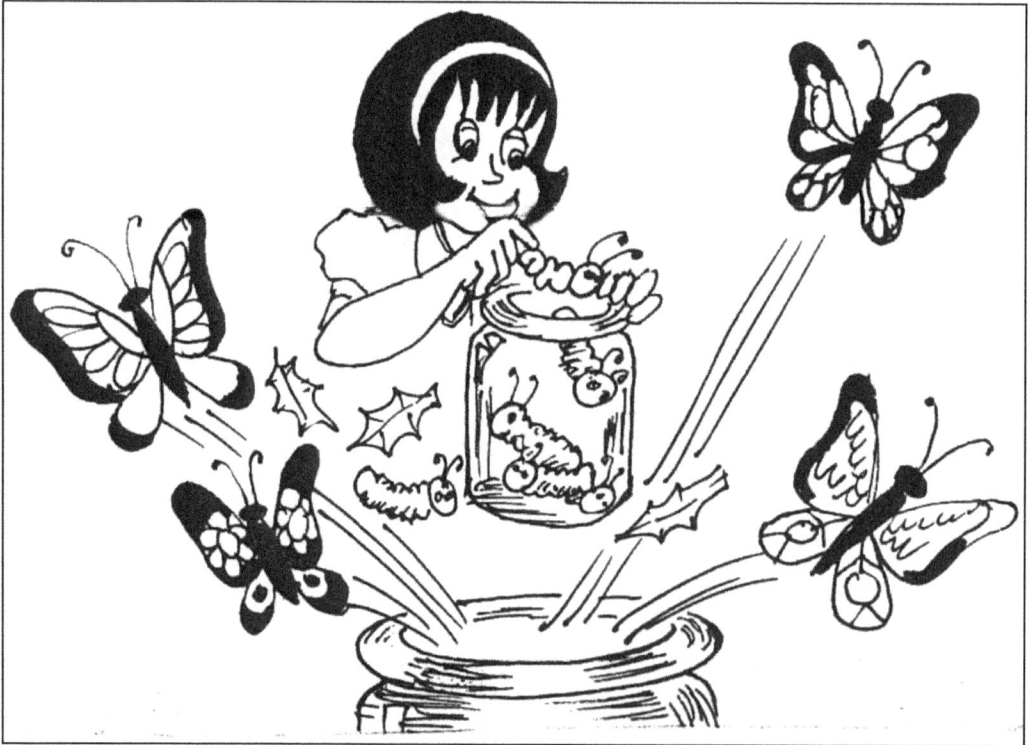

निर्देश

1. एक शाम तुम बाहर निकलकर कुछ कैटरपिलर को पकड़ो इसे एक बड़े आकार के जार में रखो। जार में कुछ पत्तियाँ डाल दो ताकि कैटरपिलर इसे खाती रहे। एक टहनी को भी जार के अंदर डालो।

2. कपड़े से जार के मुँह को ढककर इसके ऊपर एक रबर बैंड लगा दो। पत्तियों को प्रतिदिन बदलो ताकि कैटरपिलर को ताजा भोजन मिलता रहे।

3. इस जार को बाहर रखो, तुम देखोगे जैसे ही मौसम ठंडा होने लगता है, कैटरपिलर खाना बंद कर देती है। इस प्रयोग को ठंड के दिनों में बाहर ही रखो।

4. इस प्रयोग को बसंत ऋतु में देखो, खूबसूरत तितलियाँ फिर से सक्रिय हो उठेंगी।

विश्लेषण

एक कैटरपिलर में जीवन चक्र का केवल एक स्टेज होता है। जैसे ही ठंड का मौसम आता है कैटरपिलर शिथिल पड़ जाते है। बसंत ऋतु में जिस बटरफ्लाई को तुम देखते हो वह इस जाति का वयस्क रूप है।

10 रंगीन प्रोजेक्ट्स

1 गर्म हवा

आवश्यक वस्तु

- जाड़े का दिन
- घर का दरवाजा
- दस रुपये का करेंसी नोट

निर्देश

तुमने ऊर्जा की बचत करने की बात तो अवश्य सुनी होगी। यहाँ एक साधारण से प्रयोग के द्वारा तुम देख सकते हो कि क्या तुम और तुम्हारा परिवार ऊर्जा की बचत करते हैं?

1. जाड़े के दिनों में घर के बाहरी दरवाजे के सामने मुँह करके खड़े हो जाओ। दस रुपये का नोट दरवाजे के सामने फर्श पर डालें।

2. दस रुपये के नोट को दरवाजे के अन्दर खिसकाओ। क्या यह आसानी से दरवाजे के नीचे से निकल जाता है, अथवा ऐसा करने में तुम्हे परेशानी होती है?

विश्लेषण

दस रुपये का नोट तुम्हें दरवाजे के निचले हिस्से और फर्श के बीच की खाली जगह को मापने में सहायक सिद्ध होती है। यदि तुम इस नोट को दरवाजे के नीचे से आसानी से खिसका देते हो तो इसका मतलब है कि यहाँ कोई अवरोध नहीं है और तुम्हारे घर के अन्दर की हवा को गर्म रखना काफी खर्चीला है क्योंकि यह गर्म हवा (इस रास्ते) बाहर निकल रही है। अब कुछ सेकेंड के लिए दरवाजे के नीचे हाथ रखो। क्या तुम ठंडी हवा को महसूस कर रहे हो? तुम, न केवल गर्म हवा को बाहर जाने दे रहे हो बल्कि ठंडी हवा भी अन्दर आ रही है।

2 रोचक गुणवत्ता

आवश्यक वस्तु

- सॉसपैन (पानी गर्म करने का बर्तन)
- पीने का पानी
- गिलास
- मम्मी या पापा की सहायता

निर्देश

1. एक सॉसपैन में पीने का पानी लो। अपने मम्मी या पापा को पानी को कुछ देर तक गर्म करने के लिए कहो। अब इसे ढककर तब तक ठंडा होने के लिए छोड़ दो जब तक यह पानी ठंडा न हो जाये।

2. एक गिलास में थोड़ा ठंडा पानी ले इसे पीकर देखो। क्या इसका स्वाद ठंडे पानी के जैसा है या यह स्वादहीन हो गया? अब टोंटी से थोड़ा ताजा पानी पीकर दोनों के स्वाद की तुलना करो।

विश्लेषण

टोंटी के जल में हवा मौजूद होती है जिसमें कई प्रकार के मिनिरल्स मिले रहते हैं, जो जल के स्वाद को अच्छा बनाये रखने में सहायक होते हैं। लेकिन जल को गर्मकर, तुमने जल में मौजूद हवा को बाहर निकाल दिया, इसलिए इसका स्वाद बदल गया।

3 ठेलने से उत्पन्न बल

आवश्यक वस्तु

- बाल्टी
- जल
- हल्के भार वाला प्लास्टिक का डिब्बा, जिसके पेंदे पर कई छिद्र किया गया हो।

निर्देश

1. किसी बाल्टी या टब में पानी भरो।
2. प्लास्टिक का यह बॉक्स सूखा होना चाहिए, इसे पानी की सतह के ऊपर रखो। यद्यपि बॉक्स के पेंदे में कई छिद्र हैं फिर भी यह आसानी से पानी की सतह पर तैरने लगेगी।

3. पेंदे के प्रत्येक छिद्र को गौर से देखो। पानी की वर्गाकार बूँदें प्लास्टिक के बॉक्स के अन्दर चिपकी दिखायी पड़ेगी।
4. अब बॉक्स के ऊपर-नीचे की ओर दबाव डालो। यह बाल्टी के पेंदे पर डूब जायेगा।

विश्लेषण

पानी का पृष्ठ तनाव लचीला होता है जो प्लास्टिक के बॉक्स की मदद करता है। तुम इसके तनाव को प्लास्टिक के बॉक्स के पेंदे पर देख सकते हो। जब तुम बॉक्स पर नीचे की ओर दबाव डालते हो। दबाव से पड़ने वाला बल पानी के पृष्ठ तनाव से अधिक होकर इसे तोड़ देता है। पानी की धाराएँ पेंदे में बने छिद्र में होकर बॉक्स में भरने लगती है। जब बॉक्स पानी से पूर्णतः भर जाता है, तो यह डूब जाता है।

4 गुरुत्व बल

आवश्यक वस्तु

- गिलास
- जल
- कार्ड बोर्ड

निर्देश

यह प्रयोग सिंक के ऊपर या घर से बाहर करो।

1. गिलास को पानी से लबालब भरो।

2. एक पतला कार्ड बोर्ड गिलास के ऊपर रखो। अगर तुम्हें गिलास के अन्दर हवा के बुलबुले दिखायी पड़े तो इसे हटाकर गिलास को पुनः ढक दो।

3. गिलास के ऊपर रखे कार्ड बोर्ड पर अपना एक हाथ रखकर गिलास का ऊपरी हिस्सा नीचे की ओर पलटो। अब तुम अपना हाथ कार्ड के नीचे से हटाकर देखो। तुम देखोगे गिलास के अन्दर

भरा पानी बाहर नहीं गिरेगा। क्या तुम बता सकते हो कि गिलास के अन्दर भरा पानी बाहर क्यों नहीं गिरता है?

विश्लेषण

गिलास के किनारे और कार्ड बोर्ड के बीच एक मजबूत पकड़ (सील) बन जाती है। हवा का दबाव कार्ड बोर्ड को ऊपर की ओर धकेलती है जिसके फलस्वरूप कार्ड बोर्ड अपनी जगह पर स्थिर रहता है। गिलास का पानी बाहर नहीं गिरता है क्योंकि जल पर लग रहा गुरुत्व बल इतना ज्यादा नहीं होता कि वह गिलास के किनारे पर बनी पकड़ को तोड़ बाहर निकल सके।

5 मेहराब की ताकत

आवश्यक वस्तु

- तुम्हारा हाथ
- कच्चा अण्डा

निर्देश

शायद तुम इस साधारण (ट्रिक) करतब पर विश्वास नहीं करोगे, जब तक तुम ऐसी कोशिश नहीं करोगे। लेकिन इसका परिणाम तुम्हें चकित कर देगा।

1. ध्यान रहे तुम्हारे हाथ में कोई अँगूठी या धातु का टुकड़ा नहीं होना चाहिए। सिंक के ऊपर एक कच्चा अण्डा हाथ में रखो।

2. अब हाथ को दबाओ। डरो मत, जितनी सख्ती से हो सके हथेली में रखे अण्डें को जोर से दबाओ। अण्डा नहीं फूटेगा! क्या तुम इसका कारण बता सकते हो?

विश्लेषण

जब तुम किसी अण्डे को फोड़ते हो तो साधारणतया इसे किसी सख्त जगह पर जोर से चोट करते हो। यह चोट अण्डे के किसी एक जगह पर केन्द्रित होती है, जिससे इस जगह का छिलका टूट जाता है। जबकि हथेली में रखकर दबाते वक्त इसके ऊपर लगा बल पूरे अण्डे के ऊपर समान रूप से लगता है। चूँकि अण्डे का आकार किसी मेहराब की तरह है इसलिए यह पूरे बल को रोक सकता है और एक मेहराब बहुत ही मजबूत होता है। बिल्डर इस बात को अच्छी तरह जानते है, इसलिए वे भवन निर्माण के दौरान मेहराबों के विभिन्न प्रकार का इस्तेमाल करते हैं।

6 बाल बेयरिंग

आवश्यक वस्तु

- दो एक समान पेंट का खाली डब्बा
- खेलने की गोली

निर्देश

1. पेंट के एक डब्बे के किनारे बनी सीक पर गोलियाँ भर दो।

2. अब दूसरे डब्बे का ऊपर वाला भाग नीचे की तरफ करते हुए इसे पहले डब्बे के ठीक ऊपर रखो। इस डब्बे के किनारे की लीक गोलियों के ऊपर होनी चाहिए। ऊपर वाले डब्बे को घुमाकर देखो कि यह कितनी आसानीपूर्वक घूमता है।

विश्लेषण

तुमने बाल बेयरिंग का एक साधारण-सा नमूना तैयार किया है। यह दो सतहों के बीच रगड़ के दौरान घर्षण को कम करता है। सम्भवत: तुम्हारे साइकिल में बाल बेयरिंग लगी होगी। पहिए को स्वतन्त्र रूप से घूमने दो। एक पहिए का बाल बेयरिंग अच्छी तरह पालिश किये हुए लोहे का बना होता है।

7 दाँतदार पहियों को जोड़ना

आवश्यक वस्तु

- तीन बोतल के ढक्कन
- लकड़ी का टुकड़ा
- तीन कीलें
- हथौड़ी
- अपने मम्मी-पापा की सहायता

निर्देश

1. तीन ढक्कनों को लकड़ी के ठोस टुकड़े पर इस प्रकार रखो कि इनके सिरे आपस में जुड़े रहे।

2. अपने मम्मी या पापा से कहो कि प्रत्येक ढक्कन के मध्य काठ में एक कील चुभाओ। कील की ढक्कन के ऊपर सख्त पकड़ नहीं होनी चाहिए। बोतल के ढक्कन को ढीला होना चाहिए।
3. एक ढक्कन को घूमाओ। तुम देखोगे बोतल के दूसरे ढक्कन भी घूमने लगते हैं। अब इसके घूमने की दिशा के ऊपर ध्यान दो।

विश्लेषण

तुमने गियर का एक सेट बनाया है। एक ढक्कन के ऊपर के मुड़े नुकीले किनारे साथ वाले ढक्कन के किनारों को जोड़ते है। जो इसे विपरीत दिशा में मोड़ देती है। उदाहरण के लिए जब तुम पहले ढक्कन को घड़ी की दिशा में घूमाते हो, दूसरा ढक्कन विपरीत दिशा में घूमने लगता है। इस सिद्धान्त का प्रयोग ऑटोमोबाइल में स्थान बदलने के दौरान विपरीत दिशा में किया जाता है। इंजन हमेशा समान दिशा में बल उत्पन्न करता है लेकिन गियर को इस प्रकार व्यवस्थित किया जाता है ताकि पहिया विपरीत दिशा में घूमने लगती है।

8 रेत घड़ी

आवश्यक वस्तु

- पेंसिल
- शंकु के आकार का पेपर कप
- जार
- रेत
- घड़ी

निर्देश

1. शंकु के आकार के पेपर कप के नीचे पेंसिल की नोंक से एक महीन छिद्र करो।
2. इस पेपर कप को जार के मुँह के ऊपर रखो। कप में रेत भर दो।

3. एक घड़ी को लेकर इसका समय नोट करो और देखो कि पेपर कप से रेत के खत्म होने में कितना वक्त लगता है।

विश्लेषण

तुमने एक साधारण घड़ी बनायी है। बहुत साल पहले लोग टाइम देखने के लिए इस प्रकार की घड़ी का निर्माण करते थे। पेपर कप को दुबारा बालू से भरकर इसे जार में खाली होने दो। घड़ी में बालू के पेपर कप से खाली होने का टाइम नोट करो। क्या इस बार भी पेपर कप से रेत के खाली होने में पहले जितना ही वक्त लगा?

9 रंगीन बिन्दु

आवश्यक वस्तु

- गिलास
- पानी
- लाल या नीला खाने का रंग
- पत्ते सहित डंठल

निर्देश

1. एक गिलास में 2.5 से 5 सेंमी तक पानी भरो इसमें लाल या नीला खाद्यय पदार्थ में मिलाने वाला रंग मिलाओ ताकि पानी का रंग गाढ़ा नीला हो जाये।
2. पौधे का एक डंठल उसके जड़ के निकट से पत्ते सहित तोड़ो।
3. डंठल को गिलास में इस प्रकार डालो ताकि उसका तोड़ा हुआ भाग रंगीन पानी में डूबे रहे और पत्ते ऊपर की ओर रहे। इस प्रयोग को किसी गर्म जगह पर एक घंटे के लिए छोड़ दो। करीब एक घंटे के बाद

तुम देखोगे कि पौधे के डंठल और पत्तियों में उसी रंग की धारियाँ उभर आयी है जो रंग गिलास के पानी में है।

विश्लेषण

सभी पौधे कोशिकाओं से बनी होती है जिसमें पानी भरा होता है। पौधे कोशिकाओं द्वारा पानी उसके जड़ से लेकर पत्तों तक पहुँचती है। इस प्रयोग में इस्तेमाल रंग कोशिकाओं के रास्ते तुम्हें दिखायी देंगे। अगर तुम इस डंठल के नीचे का कोई अन्य भाग तोड़ोगे या काटोगे तो तुम्हें नलिकाओं के सिरे पर छोटे-छोटे रंगीन बिन्दु दिखायी पड़ेंगे।

10 डिजायनर आँखें

आवश्यक वस्तु

- 2 मशरूम
- 2 बड़े आकार का गिलास

निर्देश

1. किसी जंगल या छायादार नमी वाली जगह पर जाकर मशरूम की तलाश करो। तुम्हें वहाँ से दो समान आकार के मशरूप अपने घर में लाने हैं। इसके डंठल को तोड़कर हटा दो।
2. प्रत्येक मशरूम को इस पेज पर बने उल्लू की आँख की जगह पर सेट करो। अथवा उल्लू का चित्र बनाकर उसमें सेट करो मशरूम का निचला भाग नीचे की ओर होना चाहिए।

3. एक-एक भारी गिलास दोनों मशरूमों के ऊपर रख दो। इस प्रयोग को रातभर के लिए किसी शांत और सुरक्षित जगह पर छोड़ दो। अगले दिन गिलास और मशरूम को हटाओ, कोई तुम्हारी ओर खूबसूरत आँखों से देख रहा है। कौन?

विश्लेषण

मशरूम छोटे अंगों के द्वारा पुनर्उत्पादन करते हैं। जिन्हें स्पोर्स कहा जाता है। जब तुमने मशरूम को जमीन से उठाकर अपने घर के सूखे कमरे में रखे कागज के ऊपर रख दिया। मशरूम से नये बीज बाहर निकल आये और कागज पर चिपक गये। इन नये बीजों का रूप वैसा ही होता है, जिसे हम विभिन्न मशरूमों को पहचाने में प्रयोग कर सकते हैं।

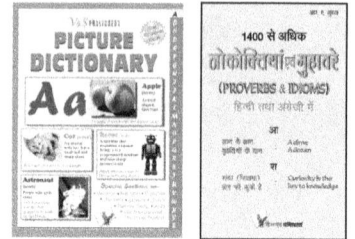

STUDENT DEVELOPMENT/LEARNING

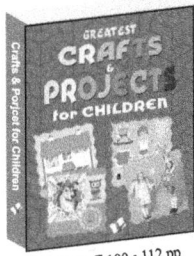

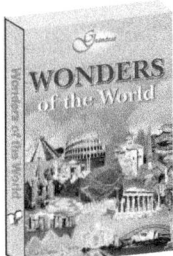

02502 P • ₹ 100 • 112 pp | 02206 P • ₹ 100 • 128 pp | 03402 P • ₹ 195 • 208 pp | 03401 P • ₹ 250 • 212 pp

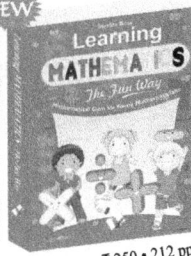

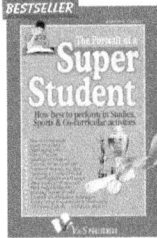

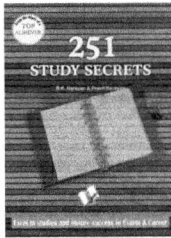

00503 P • ₹ 135 • 142 pp | 10501 P • ₹ 96 • 152 pp | 00507 P • ₹ 150 • 133 pp | 9076 D • ₹ 80 • 144 pp | 10502 P • ₹ 96 • 144 pp

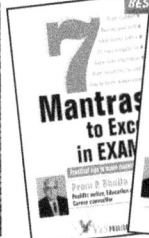

PUZZLES

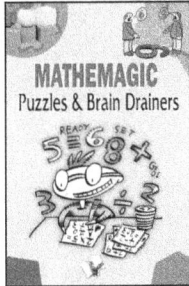

02311 P • ₹ 96 • 112 pp | 12302 P • ₹ 48 • 112 pp | 02305 P • ₹ 60 96 pp | 02306 P • ₹ 60 96 pp | 02301 P • ₹ 110 • 152 pp

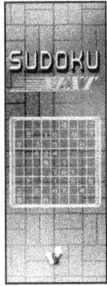

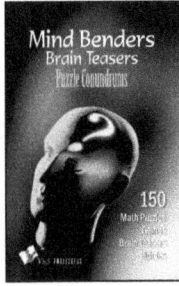

DRAWING BOOKS

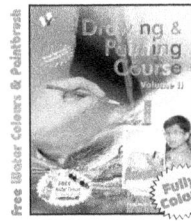

12501 P • ₹ 150 122 pp *(with CD)* | 02501 P • ₹ 150 128 pp *(with CD)* | 02503 P • ₹ 295 • 108 pp | 12506 P • ₹ 120 • 84 pp | 025051 P • ₹ 120 • 84 pp

POPULAR SCIENCE

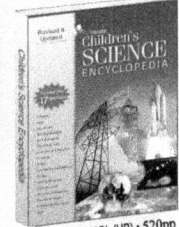

12141 P • ₹ 495/- (HB) • 520pp | 02102 P • ₹ 495/- (HB) • 520pp

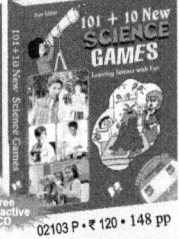

12103 P • ₹ 120 • 148 pp | 02103 P • ₹ 120 • 148 pp

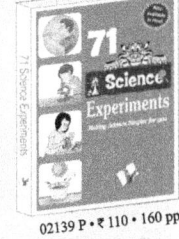

12140 P • ₹ 110 • 160 pp | 02139 P • ₹ 110 • 160 pp

12101 S • ₹ 160 • 136 pp (Available in Tamil, Bangla) | 02101 P • ₹ 160 • 120 pp

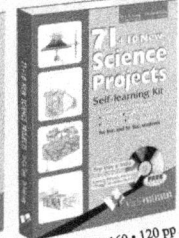

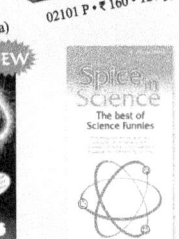

02212 P • ₹ 100 • 124 pp | 02201 P • ₹ 80 • 44 pp

VALUE PACKS

COMPREHEANSIVE COMPUTER LEARNING | SECURE A JOB | QUIZ TIME | सम्पूर्ण आत्म-विकास | महिलोपयोगी | छात्रोपयोगी | मनोरंजन का खजाना

(12410S) | (00608S) | (02312S) | (00223S) | (14001S) | (10505S) | (12211S)

Contact us at sales@vspublishers.com

www.ingramcontent.com/pod-product-compliance
Lightning Source LLC
Chambersburg PA
CBHW081505200326
41518CB00015B/2385
* 9 7 8 9 3 5 0 5 7 0 5 0 0 *